INTRODUÇÃO A POLÍMEROS

Blucher

ELOISA BIASOTTO MANO
Professor Emérito

LUÍS CLÁUDIO MENDES
Pesquisador, D.Sc.

Instituto de Macromoléculas Professora Eloisa Mano
Universidade Federal do Rio de Janeiro

INTRODUÇÃO A POLÍMEROS

2.ª edição
revista e ampliada

Introdução a polímeros
© 1999 Eloisa Biasotto Mano
        Luís Cláudio Mendes
2ª edição – 1999
7ª reimpressão – 2022
Editora Edgard Blücher Ltda.

Blucher

Rua Pedroso Alvarenga, 1245, 4º andar
04531-012 – São Paulo – SP – Brasil
Tel 55 11 3078-5366
contato@blucher.com.br
www.blucher.com.br

É proibida a reprodução total ou parcial por quaisquer
meios, sem autorização escrita da Editora.

Todos os direitos reservados pela Editora
Edgard Blücher Ltda.

FICHA CATALOGRÁFICA

Mano, Eloisa Biasotto
   Introdução a polímeros / Eloisa Biasotto Mano,
Luís Cláudio Mendes. – 2ª ed. rev. e ampl. –
São Paulo: Blucher, 1999.

   Bibliografia.
   ISBN 978-85-212-0247-9

   1. Polímeros e polimerização I. Mendes, Luís
Cláudio. II. Título.

04-0197   CDD-547-7

Índices para catálogo sistemático:
1. Polímeros: Química orgânica   547.7

PREFÁCIO DA 1ª EDIÇÃO

O presente trabalho se destina aos estudantes que, pela primeira vez, vão se deparar com o tema de Polímeros. Este assunto foi introduzido no currículo dos profissionais dos Cursos de Química Industrial e Engenharia Química da Universidade Federal do Rio de Janeiro desde 1962, na ocasião em que, como novo Professor Catedrático da Cadeira de Química Orgânica II, incluí o capítulo de Polímeros na sua programação.

É uma visão panorâmica e sua apresentação veio evoluindo até atingir o estágio que ora é publicado sob a forma de livro. O objetivo principal é tornar o assunto interessante e o jargão polimérico, familiar àqueles profissionais. O aprofundamento em cada um dos tópicos desta obra é encontrado nos cursos de pós-graduação (Mestrado e Doutorado, Especialização e Aperfeiçoamento) em Ciência e Tecnologia de Polímeros, oferecidos pelo Instituto de Macromoléculas da Universidade Federal do Rio de Janeiro.

A publicação deste livro foi possível graças à participação eficiente e desinteressada de meus colaboradores e amigos, especialmente Josemar Mendes Gaspary, Hélio Jorge Figueiredo, Marcos Lopes Dias, Luís Cláudio Mendes, Paulo Guimarães e Hilda Fellows Garcia. A Autora apresenta também seus agradecimentos aos engenheiros químicos Luiz Carlos Cunha Lima, Amilcar Pereira da Silva e Douglas Chicrala de Abreu, pela colaboração prestada na obtenção de dados industriais atualizados, e a Estireno do Nordeste (EDN-SA), através de seu Diretor Superintendente, engenheiro Normélio da Costa Moura, que viabilizou a publicação. Representa uma homenagem de gratidão da Autora ao ilustre Professor CARL S. MARVEL, da Universidade de Arizona, EUA, que, ainda ativo em pesquisas, acaba de completar seus 90 anos de vida laboriosa e profícua, e a quem deve a Autora a orientação no início de sua carreira.

Rio de Janeiro, 25 de março de 1985

Eloisa Biasotto Mano

Professor Carl S. Marvel
Universidade de Arizona (EUA)
Pioneiro em Química de Polímeros
★ 1894 —— † 1988

PREFÁCIO DA 2.ª EDIÇÃO

Diante da grande aceitação deste livro, e levando em conta a experiência acumulada em uma década, decidiu-se preparar uma 2.ª edição, ampliando alguns tópicos e incluindo novos assuntos de interesse geral. Procurou-se manter primordialmente o caráter didático da obra, que visa atender àqueles que, pela primeira vez, se interessam pelo fascinante tema dos Polímeros. Como anteriormente, trata-se de oferecer informações ao estudante, industrial ou profissional de áreas afins, que procura a fácil compreensão em superfície, sem buscar profundidade em tópicos específicos. Para isso, procurou-se o apoio de um co-autor, envolvido tanto no ensino quanto em atividades de caráter industrial no campo de Polímeros.

Espera-se que as modificações introduzidas, tanto na redistribuição dos temas quanto na apresentação gráfica, encontrem receptividade por parte da vasta legião de profissionais que contribuem para o desenvolvimento científico-tecnológico do País.

Os Autores expressam seu agradecimento a todos aqueles que, de uma forma ou de outra, colaboraram para que fosse possível completar este trabalho, especialmente o estudante André Luiz Carneiro Simões, que participou da digitação de textos, com competência e dedicação.

Rio de Janeiro, novembro de 1998

Eloisa Biasotto Mano

Luís Cláudio Mendes

ALFABETO GREGO

1	A	α	Alfa
2	B	β	Beta
3	Γ	γ	Gama
4	Δ	δ	Delta
5	E	ε	Épsilon
6	Z	ζ	Zeta
7	H	η	Eta
8	Θ	θ	Teta
9	I	ι	Iota
10	K	κ	Capa
11	Λ	λ	Lambda
12	M	μ	Mi
13	N	ν	Ni
14	Ξ	ξ	Xi (cs)
15	O	o	Ômicron
16	Π	π	Pi
17	P	ρ	Rô
18	Σ	σ	Sigma
19	T	τ	Tau
20	Y	υ	Ípsilon
21	Φ	ϕ	Fi
22	X	χ	Ki
23	Ψ	ψ	Psi
24	Ω	ω	Ômega

CONTEÚDO

Capítulo 1	Introdução	1
Capítulo 2	Nomenclatura de polímeros	10
Capítulo 3	Classificação de polímeros	13
Capítulo 4	Condições para uma micromolécula formar polímero	16
Capítulo 5	A estrutura química dos monômeros e as propriedades dos polímeros	22
Capítulo 6	O peso molecular e as propriedades dos polímeros	24
Capítulo 7	A estrutura macromolecular e as propriedades dos polímeros	34
Capítulo 8	Processos de preparação de polímeros	48
Capítulo 9	Técnicas empregadas em polimerização	52
Capítulo 10	Avaliação das propriedades dos polímeros	58
Capítulo 11	Processo de transformação de composições moldáveis em artefatos de borracha, de plástico, e fibras	65
Capítulo 12	Polímeros de interesse industrial - Borrachas	75
Capítulo 13	Polímeros de interesse industrial - Plásticos	90
Capítulo 14	Polímeros de interesse industrial - Fibras	107
Capítulo 15	Os polímeros na composição de adesivos industriais	120
Capítulo 16	Os polímeros na composição de tintas industriais	130
Capítulo 17	Os polímeros na composição de alimentos industriais	145
Capítulo 18	Os polímeros na composição de cosméticos industriais	158
Capítulo 19	Processos industriais de preparação dos principais monômeros	164
	Índice de Assuntos	172
	Índice de Polímeros Industriais	185
	Vocabulário Inglês-Português	187

ÍNDICE DE FIGURAS

Figura 1   Diversas representações para o polietileno linear (a) Modelo de macromolécula completa, com peso molecular aproximado de 30.000 (b) Modelos atômicos de Stuart (c) Fórmula molecular de um trecho da macromolécula   2

Figura 2   Representação de conformação estatística de polietileno linear com 200 átomos de carbono (p.m. $\cong$ 2.800)   2

Figura 3   Representação de conformação estatística de 40 moléculas de pentano (p.m. = 40 x 72 = 2.880)   2

Figura 4   Variação da resistência mecânica dos polímeros em função do peso molecular   4

Figura 5   Formas isoméricas de encadeamento molecular   6

Figura 6   Formas isoméricas *cis-trans* resultantes de reações de polimerização   7

Figura 7   Formas isoméricas configuracionais resultantes de reações de polimerização   8

Figura 8   Representação de cadeias macromoleculares (a) Cadeia sem ramificações (b) Cadeia com ramificações (c) Cadeia reticulada, com ligações cruzadas, ou tridimensional   9

Figura 9   Cromatograma de permeação em gel de amostras de poliestireno   29

Figura 10   Determinação gráfica da viscosidade intrínseca de um polímero   31

Figura 11   Determinação gráfica das constantes viscosimétricas K e a 32

Figura 12   Estrutura macromolecular segundo o modelo da micela franjada (a) Polímero totalmente amorfo (b) Polímero parcialmente amorfo, parcialmente cristalino   35

Figura 13   Estrutura macromolecular segundo o modelo da cadeia dobrada (a) Segmento do polímero representado com os modelos atômicos de Stuart (b) Segmento de polímero representado com um cordão dobrado   36

Figura 14   Mecanismo de iniciação em poliadição através de calor   41

Figura 15   Mecanismo de iniciação em poliadição através de radiação ultravioleta   41

Figura 16   Mecanismo de iniciação em poliadição via radical livre, através de decomposição térmica do iniciador   43

Figura 17   Mecanismo de iniciação em poliadição via radical livre, através de decomposição do iniciador por oxirredução   44

XII

Figura	18	Mecanismo de iniciação em poliadição através de cátion	44
Figura	19	Mecanismo de iniciação em poliadição através de ânion	45
Figura	20	Mecanismo de iniciação em poliadição através de sistema catalítico de Ziegler-Natta	46
Figura	21	Mecanismo de propagação em poliadição iniciada via radical livre	46
Figura	22	Mecanismo de propagação em poliadição iniciada através de cátion	46
Figura	23	Mecanismo de propagação em poliadição iniciada através de ânion	46
Figura	24	Mecanismo de propagação em poliadição iniciada através de sistema catalítico de Ziegler-Natta	47
Figura	25	Mecanismo de terminação em poliadição iniciada via radical livre	48
Figura	26	Mecanismo de terminação em poliadição iniciada através de cátion	48
Figura	27	Mecanismo de terminação em poliadição iniciada através de ânion	48
Figura	28	Mecanismo de terminação em poliadição iniciada através de sistema catalítico de Ziegler-Natta	48
Figura	29	Inibição e retardamento em poliadição através de radical livre	49
Figura	30	Representação esquemática da moldagem através de vazamento	67
Figura	31	Representação esquemática da moldagem através de fiação por fusão	67
Figura	32	Representação esquemática da moldagem através de compressão	68
Figura	33	Representação esquemática da moldagem através de injeção	68
Figura	34	Representação esquemática da moldagem através de calandragem	69
Figura	35	Representação esquemática da moldagem através de extrusão (a) Extrusão simples (b) Extrusão de filme inflado	70
Figura	36	Representação esquemática da moldagem através de sopro	71
Figura	37	Representação esquemática da moldagem através de termoformação	71
Figura	38	Representação esquemática da moldagem através de fiação seca	72
Figura	39	Representação esquemática da moldagem através de fiação úmida	72
Figura	40	Representação esquemática da moldagem através de imersão	73
Figura	41	Representação da estrutura química dos poliisoprenos	76
Figura	42	Produtos secundários na preparação de poliuretanos	105

ÍNDICE DE QUADROS

Quadro 1	Cadeias macromoleculares em homopolímeros e copolímeros	5
Quadro 2	Classificação de polímeros	14
Quadro 3	Monômeros olefínicos mais importantes	17
Quadro 4	Monômeros di-hidroxilados mais importantes	17
Quadro 5	Monômeros epoxídicos mais importantes	18
Quadro 6	Monômeros aminados mais importantes	18
Quadro 7	Monômeros monocarbonilados mais importantes	19
Quadro 8	Monômeros dicarbonilados mais importantes	19
Quadro 9	Monômeros aminocarbonilados mais importantes	20
Quadro 10	Monômeros isocianatos mais importantes	20
Quadro 11	Monômeros aromáticos mais importantes	21
Quadro 12	Pesos moleculares típicos de polímeros naturais	25
Quadro 13	Pesos moleculares típicos de polímeros sintéticos	26
Quadro 14	Processos de determinação de pesos moleculares em polímeros	32
Quadro 15	Características dos processos de polimerização	39
Quadro 16	Principais regiões do espectro eletromagnético das radiações solares	40
Quadro 17	Tipos de iniciação na polimerização por adição	41
Quadro 18	Técnicas de polimerização em meio homogêneo	53
Quadro 19	Técnicas de polimerização em meio heterogêneo	54
Quadro 20	Características reológicas gerais de alguns materiais de uso comum	60
Quadro 21	Propriedades típicas de alguns polímeros industriais	63
Quadro 22	Processos de transformação de composições moldáveis em artefatos de borracha e de plástico, e fibras	66
Quadro 23	Borrachas industriais mais importantes	77
Quadro 24	Borrachas de importância industrial: Borracha natural (NR)	78
Quadro 25	Borrachas de importância industrial: Polibutadieno (BR)	79
Quadro 26	Borrachas de importância industrial: Poliisopreno (IR)	80
Quadro 27	Borrachas de importância industrial: Policloropreno (CR)	81

XIV

Quadro 28	Borrachas de importância industrial: Copolímero de etileno, propileno e dieno não conjugado (EPDM)	82
Quadro 29	Borrachas de importância industrial: Copolímero de isobutileno e isopreno (IIR)	83
Quadro 30	Borrachas de importância industrial: Copolímero de butadieno e estireno (SBR)	84
Quadro 31	Borrachas de importância industrial: Copolímero de butadieno e acrilonitrila (NBR)	85
Quadro 32	Borrachas de importância industrial: Copolímero de fluoreto de vinilideno e hexaflúor-propileno (FPM)	86
Quadro 33	Borrachas de importância industrial: Poli(dimetil-siloxano) (MQ)	87
Quadro 34	Borrachas de importância industrial: Polissulfeto (EOT)	88
Quadro 35	Plásticos industriais mais importantes	91
Quadro 36	Plásticos de importância industrial: Polietileno de alta densidade (HDPE)	92
Quadro 37	Plásticos de importância industrial: Polietileno de baixa densidade (LDPE)	93
Quadro 38	Plásticos de importância industrial: Polipropileno (PP)	94
Quadro 39	Plásticos de importância industrial: Poliestireno (PS)	95
Quadro 40	Plásticos de importância industrial: Poli(cloreto de vinila) (PVC)	96
Quadro 41	Plásticos de importância industrial: Poli(tetraflúor-etileno) (PTFE)	97
Quadro 42	Plásticos de importância industrial: Poli(metacrilato de metila) (PMMA)	98
Quadro 43	Plásticos de importância industrial: Polioximetileno (POM)	99
Quadro 44	Plásticos de importância industrial: Policarbonato (PC)	100
Quadro 45	Plásticos de importância industrial: Copolímero de anidrido ftálico, anidrido maleico e glicol propilênico (PPPM)	101
Quadro 46	Plásticos de importância industrial: Resina fenólica (PR)	102
Quadro 47	Plásticos de importância industrial: Resina melamínica (MR)	103
Quadro 48	Plásticos de importância industrial: Poliuretano (PU)	104
Quadro 49	Fibras industriais mais importantes	109
Quadro 50	Fibras de importância industrial: Celulose	110
Quadro 51	Fibras de importância industrial: Celulose regenerada (RC)	111
Quadro 52	Fibras de importância industrial: Acetato de celulose (CAc)	112
Quadro 53	Fibras de importância industrial: Lã	113
Quadro 54	Fibras de importância industrial: Seda	114
Quadro 55	Fibras de importância industrial: Poliacrilonitrila (PAN)	115
Quadro 56	Fibras de importância industrial: Policaprolactama (PA-6)	116
Quadro 57	Fibras de importância industrial: Poli(hexametileno-adipamida) (PA-6.6)	117
Quadro 58	Fibras de importância industrial: Poli(tereftalato de etileno) (PET)	118
Quadro 59	Junção de superfícies rígidas	122
Quadro 60	Polímeros industriais mais importantes em adesivos	124
Quadro 61	Polímeros em adesivos de importância industrial: Copolímero de etileno e acetato de vinila (EVA)	125

Quadro 62	Polímeros em adesivos de importância industrial: Resina ureica (UR)	126
Quadro 63	Polímeros em adesivos de importância industrial: Poli(vinil-formal) (PVF)	127
Quadro 64	Polímeros em adesivos de importância industrial: Poli(vinil-butiral) (PVB)	128
Quadro 65	Eventos históricos no desenvolvimento das composições de revestimento	131
Quadro 66	Classificação das tintas	132
Quadro 67	Relação entre o comprimento de onda da cor absorvida pelo pigmento e a cor visível	134
Quadro 68	Tensão superficial de solventes industriais	135
Quadro 69	Tipos de ligação química e suas energias	137
Quadro 70	Polímeros industriais mais importantes em tintas	139
Quadro 71	Polímeros em tintas de importância industrial: Poli(acetato de vinila) (PVAc)	140
Quadro 72	Polímeros em tintas de importância industrial: Poli(acrilato de butila) (PBA)	141
Quadro 73	Polímeros em tintas de importância industrial: Resina epoxídica (ER)	142
Quadro 74	Polímeros em tintas de importância industrial: Nitrato de celulose (CN)	143
Quadro 75	Função dos polímeros geleificantes em preparações alimentícias industriais	147
Quadro 76	Polímeros geleificantes naturais empregados em tecnologia de alimentos	148
Quadro 77	Polímeros industriais mais importantes em alimentos	149
Quadro 78	Polímeros em alimentos de importância industrial: Amido	150
Quadro 79	Polímeros em alimentos de importância industrial: Pectina	151
Quadro 80	Polímeros em alimentos de importância industrial: Agar	152
Quadro 81	Polímeros em alimentos de importância industrial: Alginato de sódio	153
Quadro 82	Polímeros em alimentos de importância industrial: Gelatina	154
Quadro 83	Polímeros em alimentos de importância industrial: Metil-celulose (MC)	155
Quadro 84	Polímeros em alimentos de importância industrial: Carboxi-metil-celulose (CMC)	156
Quadro 85	Polímeros industriais mais importantes em cosméticos	160
Quadro 86	Polímeros em cosméticos de importância industrial: Poli(álcool vinílico) (PVAl)	161
Quadro 87	Polímeros em cosméticos de importância industrial: Poli(vinil-pirrolidona) (PVP)	162
Quadro 88	Matérias-primas para a preparação de monômeros industriais	165
Quadro 89	Preparação de monômeros a partir de acetileno	166
Quadro 90	Preparação de monômeros a partir de etileno	167
Quadro 91	Preparação de monômeros a partir de propeno e butenos/butano	168
Quadro 92	Preparação de monômeros a partir de benzeno	169
Quadro 93	Preparação de monômeros a partir de ricinoleato de glicerila	170
Quadro 94	Preparação de monômeros a partir de outros precursores	171

SIGLAS DE POLÍMEROS

ABS   – Copoli(acrilonitrila/butadieno/estireno)

BR   – Elastômero de polibutadieno

CAc   – Acetato de celulose

CMC   – Carboxi-metil-celulose

CN   – Nitrato de celulose

CR   – Elastômero de policloropreno

CSM   – Elastômero de polietileno cloro-sulfonado

EOT   – Elastômero de poli(sulfeto orgânico)

EPDM   – Elastômero de copoli(etileno/propileno/dieno)

ER   – Resina epoxídica

EVA   – Copoli(etileno/acetato de vinila)

FPM   – Copoli(hexaflúor-propileno/fluoreto de vinilideno)

GRP   – Poliéster reforçado com vidro

HDPE   – Polietileno de alta densidade

HEC   – Hidroxi-etil-celulose

HIPS   - Poliestireno de alto impacto

IIR   – Elastômero de copoli(isobutileno/isopreno)

IR   – Elastômero de poliisopreno

LCP   – Poliéster líquido-cristalino

LDPE   – Polietileno de baixa densidade

LLDPE   – Polietileno linear de baixa densidade

MC   – Metil-celulose

MQ   – Elastômero de polissiloxano

MR   – Resina melamínica

NBR   – Elastômero de copoli(butadieno/acrilonitrila)

NR   – Borracha natural

PA   – Poliamida

PAN   – Poliacrilonitrila

PBA   – Poli(acrilato de butila)

PC   – Policarbonato

PDMS   – Poli(dimetil-siloxano)

PE   – Polietileno

PPPM   – Poli(ftalato-maleato de propileno)

PET   – Poli(tereftalato de etileno)

PMMA   – Poli(metacrilato de metila)

POM   – Poli(óxido de metileno)

PP   – Polipropileno

PR   – Resina fenólica

PS   – Poliestireno

PTFE   – Poli(tetraflúor-etileno)

PU   – Poliuretano

PUR   – Elastômero de poliuretano

PVAc   – Poli(acetato de vinila)

PVAl   – Poli((álcool vinílico)

PVB   – Poli(vinil-butiral)

PVC   – Poli(cloreto de vinila)

PVCAc   – Copoli(cloreto de vinila/acetato de vinila)

PVF   – Poli(vinil-formal)

PVP   – Poli(vinil-pirrolidona)

SAN   – Copoli(estireno/acrilonitrila)

SBR   – Elastômero de copoli(butadieno/acrilonitrila)

SBS   – Elastômero de copoli(estireno-*b*-butadieno)

TPR   – Elastômero termoplástico

TPU   – Poliuretano termoplástico

UHMWPE   – Polietileno de altíssimo peso molecular

UR   – Resina ureica

INTRODUÇÃO

Quando as moléculas se tornam muito grandes, contendo um número de átomos encadeados superior a uma centena, e podendo atingir valor ilimitado, as propriedades dessas moléculas ganham características próprias, gerais, e se chamam então *macromoléculas* ("macromolecules"). Essas características são muito mais dominantes do que aquelas que resultam da natureza química dos átomos ou dos grupamentos funcionais presentes. As propriedades decorrem de interações envolvendo segmentos *intramoleculares*, da mesma macromolécula, ou *intermoleculares*, de outras.

A forma e o comprimento das ramificações presentes na cadeia macromolecular têm papel importante. Ligações hidrogênicas e interações dipolo-dipolo, ao lado de forças de Van der Waals, que atuam nessas macromoléculas no estado sólido, criam resistência muito maior do que no caso de micromoléculas, isto é, moléculas de cadeia curta. Em solução, essas interações entre moléculas de alto peso molecular acarretam um pronunciado aumento da viscosidade, que não se observa com as micromoléculas. A solubilidade dessas macromoléculas depende principalmente de sua estrutura química e do solvente: se as cadeias são lineares, ramificadas ou não, a dispersão molecular em solvente apropriado acarreta um aumento da dificuldade de escoamento das camadas do solvente, isto é, há um acréscimo na viscosidade, que não é significativo quando as moléculas são de baixo peso molecular. Quando as moléculas têm ramificações, o efeito sobre o aumento da viscosidade é prejudicado. Da mesma maneira, a evaporação do solvente dessas soluções viscosas resulta na formação de filmes, enquanto que soluções de substâncias sólidas de baixo peso molecular geram cristais ou pós. Esse, aliás, é um dos meios mais simples e imediatos para o reconhecimento das macromoléculas: sua capacidade de formação de películas, ou filmes, sólidos.

A representação das macromoléculas segue as regras gerais aplicadas às micromoléculas, porém as suas "grandes" dimensões acarretam aspectos conformacionais que devem ser considerados. A **Figura 1** mostra diversas formas de representação do polietileno linear, como a macromolécula, de peso molecular aproximado 30.000 (a), ou um segmento de cadeia, utilizando os modelos atômicos de Stuart (b), ou ainda um trecho da sua fórmula molecular (c).

A visualização da diferença que faz, na conformação estatística das moléculas, o número de átomos encadeados a partir de um certo valor, pode ser feita pela comparação das **Figuras 2 e 3**. Na primeira, está representada a cadeia principal de átomos de carbono de polietileno, de peso molecular aproximado 2.800; na segunda, uma cadeia idêntica foi cortada em segmentos de cinco átomos, resultando em 40 micromoléculas de pentano. É fácil compreender que quaisquer interações entre segmentos do modelo de pentano repercutem no conjunto de propriedades de forma muito menos efetiva do que se ocorressem com o modelo da macromolécula correspondente.

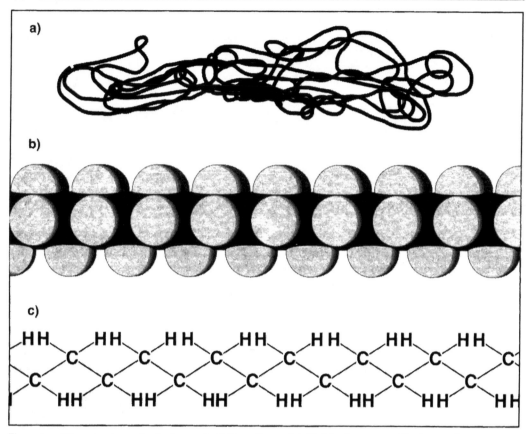

Figura 1 — *Diversas representações para o polietileno linear (a) Modelo de macromolécula completa, com peso molecular aproximado de 30.000 (b) Modelos atômicos de Stuart (c) Fórmula molecular de um trecho de macromolécula*

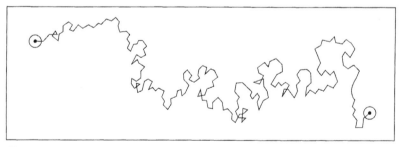

Figura 2 — *Representação de conformação estatística de polietileno linear com 200 átomos de carbono (p.m. ≅ 2.800)*

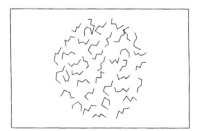

Figura 3 — *Representação de conformação estatística de 40 moléculas de pentano, isto é, p.m. = 40 × 72 = 2.880*

Encontram-se macromoléculas tanto como produtos de origem natural, quanto de síntese. Polissacarídeos, poli-hidrocarbonetos, proteínas e ácidos nucleicos, todos constituem exemplos de macromoléculas naturais orgânicas. Incluem, assim, amido, algodão, madeira, lã, cabelo, couro, seda, chifre, unha, borracha de seringueira, etc. Poliestireno e náilon são macromoléculas sintéticas orgânicas. Diamante, grafite, sílica e asbesto, são produtos macromoleculares naturais, inorgânicos. Ácido polifosfórico e poli(cloreto de fosfonitrila) são macromoléculas sintéticas inorgânicas.

Há muita semelhança entre os conceitos de *macromolécula* e *polímero*. Literalmente, *macromoléculas* são moléculas grandes, de elevado peso molecular, o qual decorre de sua complexidade química, podendo ou não ter unidades químicas repetidas. A palavra *polímero* ("poly" + "mer", muitas partes), vem do Grego e foi criada por **Berzelius**, em 1832, para designar compostos de pesos moleculares múltiplos, em contraposição ao termo *isômero* ("isomer"), empregado para compostos de mesmo peso molecular, porém de estruturas diferentes, como acetileno e benzeno.

Os polímeros representam a imensa contribuição da Química para o desenvolvimento industrial do século XX. Em torno de 1920, **Staudinger** apresentou trabalho em que considerava, embora sem provas, que a borracha natural e outros produtos de síntese, de estrutura química até então desconhecida, eram na verdade materiais consistindo de moléculas de cadeias longas, e não agregados coloidais de pequenas moléculas, como se pensava naquela época. Somente em 1928 foi definitivamente reconhecido pelos cientistas que os polímeros eram substâncias de elevado peso molecular. A inexistência de métodos adequados para a avaliação do tamanho e da estrutura química não permitiam que moléculas de dimensões muito grandes fossem isoladas e definidas cientificamente, com precisão. Por essa razão, em literatura antiga, encontra-se a expressão "high polymer" para chamar a atenção sobre o fato de que o composto considerado tinha, realmente, peso molecular muito elevado. Atualmente, não é mais necessária essa qualificação.

Polímeros ("polymers") são macromoléculas caracterizadas por seu tamanho, estrutura química e interações intra- e intermoleculares. Possuem unidades químicas ligadas por covalências, repetidas regularmente ao longo da cadeia, denominadas *meros* ("mers"). O número de meros da cadeia polimérica é denominado *grau de polimerização*, sendo geralmente simbolizado por *n* ou *DP* ("degree of polymerization").

Todos os polímeros são macromoléculas, porém nem todas as macromoléculas são polímeros. Na grande maioria dos polímeros industrializados, o peso molecular se encontra entre 10^4 e 10^6; muitos deles são considerados materiais de engenharia. Em alguns produtos de origem natural, o peso molecular pode atingir valores muito altos, de 10^8 ou mais. Todos os polímeros mostram longos segmentos moleculares, de dimensões entre 100 e 100.000 Å, os quais propiciam *enlaçamentos* e *emaranhamentos* ("entanglements"), alterando o espaço vazio entre as cadeias, denominado *volume livre* ("free volume"). Com a elevação da temperatura, aumentam os movimentos desses segmentos, tornando o material mais macio.

Os polímeros de baixo peso molecular são denominados *oligômeros* ("oligomers", "poucas partes"), que também vem do Grego; são geralmente produtos viscosos, de peso molecular da ordem de 10^3.

O termo *resina* ("resin") foi inicialmente aplicado a exsudações de plantas, que se apresentam sob a forma de gotas sólidas ou como líquidos muito viscosos, de cor amarelada, transparentes, encontradas no tronco de árvores como o pinheiro, o cajueiro, a mangueira, etc. São materiais solúveis e fusíveis, de peso molecular intermediário a alto, que amolecem gradualmente por aquecimento e são insolúveis em água, porém solúveis em alguns solventes orgânicos. Por assimilação, esse termo é também empregado para designar os polímeros sintéticos que, quando aquecidos, amolecem e apresentam o mesmo tipo de comportamento. Por exemplo, o polietileno, o poliestireno e outros polímeros podem ser incluídos entre as *resinas sintéticas* ("synthetic resins").

Monômeros ("monomers") são micromoléculas; são compostos químicos suscetíveis de reagir para formar polímeros. A composição centesimal do polímero pode ser quase a mesma dos monômeros, ou um pouco diferente, dependendo do tipo de reação que promoveu a interligação dos meros para formar a cadeia polimérica. A reação química que conduz à formação de polímeros é a *polimerização* ("polymerization"). **Carothers** (1931) acrescentava que a polimerização é uma reação funcional, capaz de continuar indefinidamente. **Ziegler**, já em 1928, havia observado que, na polimerização de estireno e de α-metilestireno iniciadas por sódio metálico, o grupo terminal ativo exibia um tempo de vida indefinido. Realmente, há casos em que a reação prossegue indefinidamente, desde que sejam mantidas certas condições, que preservem o centro ativo terminal, evitando sua extinção. A espécie química em crescimento vai incorporando novas moléculas de monômero ao seu centro ativo terminal, à medida que mais monômero é adicionado ao sistema. Tais espécies ativas foram denominadas *polímeros vivos* ("living polymers") por **Szwarc** em 1956, ao estudar polimerizações aniônicas de olefinas.

As propriedades especiais de moléculas muito grandes não começam a surgir em um peso molecular definido. A partir de 1.000—1.500, essas propriedades começam a aparecer e vão se tornando mais evidentes à medida que aumenta o peso molecular, podendo atingir até mesmo a ordem de milhões. A maioria dos polímeros de aplicação industrial tem pesos moleculares da ordem de dezenas ou centenas de milhar.

A **Figura 4** ilustra claramente a intensidade variável da influência do peso molecular sobre as propriedades do material. Quando o peso molecular é baixo, a curva é íngreme, com substancial variação na propriedade considerada. À medida que aumenta o peso molecular, em nível de centenas de milhar, a curva tende a um platô, mostrando a insensibilidade da propriedade ao tamanho molecular quando este se torna suficientemente grande.

Em contraste com as substâncias químicas comuns, os polímeros não são produtos homogêneos; contêm mistura de moléculas, de pesos variados, apresentando o que se chama de

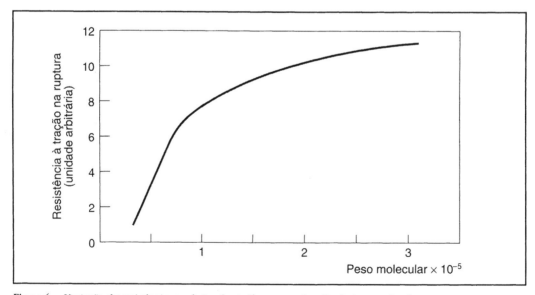

Figura 4 — *Variação da resistência mecânica dos polímeros em função do peso molecular*

polimolecularidade. O conceito de polímero *puro* é bem diferente do que se aplica à Química em geral, já que não se obtêm frações com absoluta uniformidade molecular.

Quando o polímero tem apenas um tipo de mero, usa-se a expressão *homopolímero* ("homopolymer"). Quando há mais de um tipo de mero, é designado *copolímero* ("copolymer"), e os monômeros que lhe dão origem *comonômeros* ("comonomers"). Por exemplo, o elastômero SBR é um copolímero de butadieno e estireno. O termo copolímero é geral; quando há três ou mais monômeros na reação, pode-se particularizar este número, usando a expressão *terpolímero* ("terpolymer"), *tetrapolímero* ("tetrapolymer"), etc.

Os copolímeros cujas unidades químicas não seguem qualquer seqüenciação, dispondo-se ao acaso, são chamados *copolímeros aleatórios* ou *randômicos* ("random polymers"); podem ser ou não polímeros *estatísticos* ("statistical polymers") . No outro extremo, quando há perfeita regularidade de seqüenciação, dispondo-se as unidades químicas diferentes de modo alternado, são chamados de *copolímeros alternados* ("alternate copolymers"). Quando, ao invés de uma unidade química de cada tipo, alternam-se seqüências de unidades químicas iguais, o produto é denominado *copolímero em bloco* ("block copolymers"). No caso particular de esses blocos existirem como ramificações poliméricas, partindo do esqueleto principal da macromolécula, o copolímero é dito *graftizado* ou *enxertado* ("graft copolymer"). O **Quadro 1** resume esses conceitos.

As reações de polimerização de monômeros insaturados são geralmente *reações em cadeia* ("chain reactions"), isto é, as moléculas de monômero necessitam de um *agente iniciador* ("initiating agent") para que surja um centro ativo, que pode ser um radical livre ou íon. Esse centro ativo vai adicionando, rápida e sucessivamente, outras moléculas de monômero, surgindo uma cadeia em crescimento, com um centro ativo em uma de suas extremidades. Em condições

Quadro 1 — Cadeias macromoleculares em homopolímeros e copolímeros			
Monômero	Polímero		Representação
A	Homopolímero		······A—A—A—A—A—A······
B	Homopolímero		······B—B—B—B—B—B······
A + B	Copolímero	Alternado	···A—B—A—B—A—B—A—B—A—B···
		Em bloco	···A—A—A—A—A—B—B—B—B—B···
		Graftizado ou enxertado	B—B······ ······A—A—A—A—A—A······ ······B—B—B—B
		Aleatório	···A—B—B—A—A—B—A—A—A—B···

fortuitas ou provocadas pela adição de um *agente* de *terminação* ("terminating agent"), o crescimento da cadeia é interrompido, por algum mecanismo (*combinação, desproporcionamento* ou *transferência de cadeia*), surgindo um grupo terminal. Comumente, a entrada de alguns átomos ou grupos de átomos nas extremidades da cadeia não é representada nas fórmulas químicas de polímeros, uma vez que não acarreta, em geral, modificações fundamentais no peso molecular e nas propriedades tecnológicas do produto.

A expressão *telômero* ("telomer", do Grego "telos", extremidade) foi inicialmente aplicada para definir um íon ou radical livre terminador, e a expressão *telomerização* ("telomerization") para significar essa terminação. A substância da qual foram gerados os fragmentos para esta terminação foi chamada *telógeno* ("telogen"). Entretanto, atualmente, a maior parte dos autores, inclusive neste livro, emprega a expressão *telômero* para significar oligômero, e em especial, polímero com grau de polimerização inferior a dez, e *telomerização* para significar a polimerização que conduza a telômeros. Substâncias que permitem reações de fácil transferência de cadeia podem funcionar como fontes de fragmentos que cortam o crescimento da cadeia polimérica, resultando em telômeros. Por exemplo, bromotriclorometano, tetracloreto de carbono.

Em reações de polimerização, tal como ocorre na Química Orgânica em geral, o *encadeamento* ("enchainment") das unidades monoméricas pode ser feito na forma regular *cabeça-cauda* ("head-to-tail"), ou na forma *cabeça-cabeça* ("head-to-head"), *cauda-cauda* ("tail-to-tail"), ou *mista*. Geralmente ocorre o primeiro caso, comprovado por numerosos cientistas, destacando-se os trabalhos de **Marvel (Figura 5)**.

A reação de polimerização pode gerar mais de um tipo de configuração macromolecular. Assim, uma molécula de dieno conjugado, como o 1,3-butadieno, pode adicionar outra molécula idêntica de ambas as maneiras, *cis* ou *trans*, formando os polímeros isômeros *cis* ou *trans*, dependendo das condições de polimerização. A **Figura 6** mostra o *cis*- e o *trans*- polibutadieno, que têm propriedades físicas e químicas diferentes.

Partindo de um monômero do tipo olefina monossubstituída, como o propileno, em condições adequadas podem formar-se diferentes isômeros configuracionais macromoleculares. A cada adição de novo mero vinílico acrescido à macromolécula, conforme a configuração do átomo de carbono no novo centro de *quiralidade* ("chirality") seja D ou L (ou R ou S), o

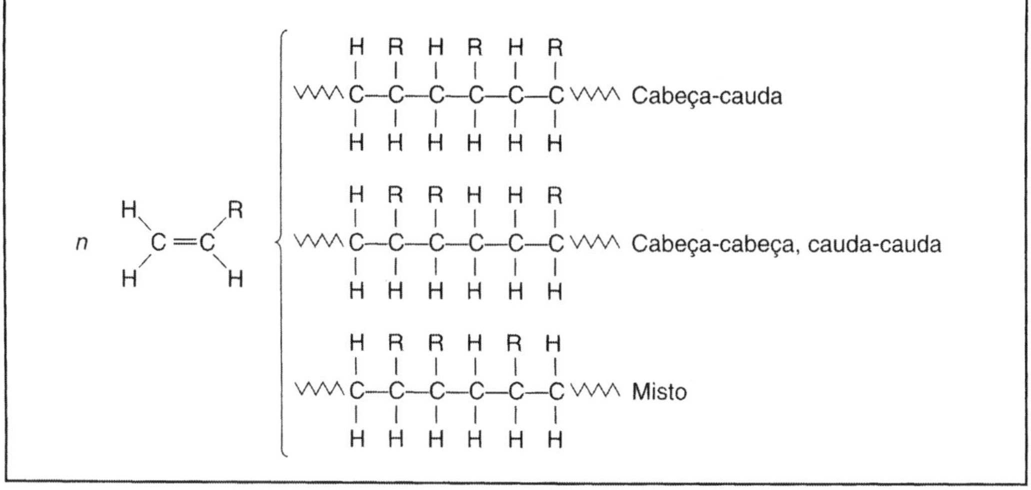

Figura 5 — Formas isoméricas de encadeamento molecular

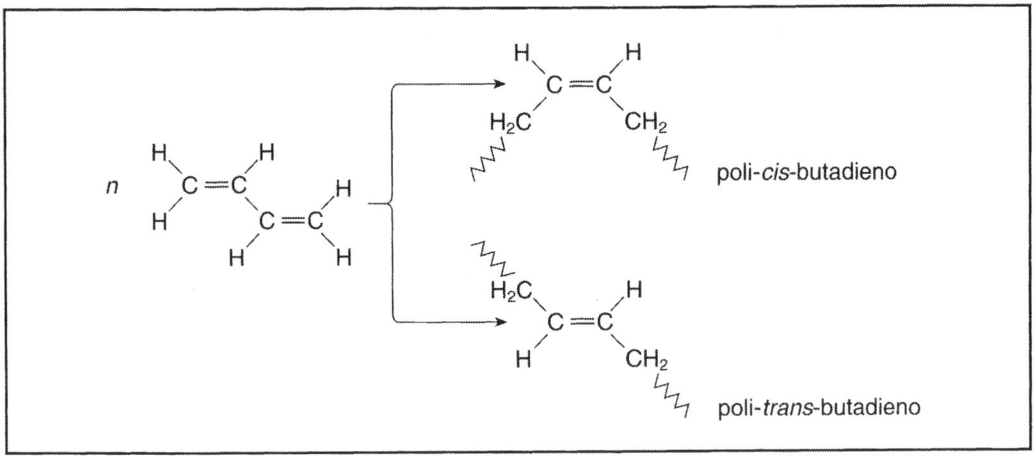

Figura 6 — *Formas isoméricas cis-trans resultantes de reações de polimerização*

polímero terá propriedades diferentes. A ordem em que aparecem essas configurações D ou L, é descrita pela palavra *taticidade* ("tacticity"), criada por **Natta** em 1954 para significar o grau de ordem configuracional em uma cadeia polimérica com regularidade constitucional e *centros quirais* ("chiral centers). Durante a polimerização podem surgir três casos: ou todos os átomos de carbono assimétrico gerados têm a mesma configuração, seja D ou L, e, neste caso, o polímero é chamado *isotático* ("isotactic"); ou têm alternância de configuração, e o polímero é designado *sindiotático* ("syndiotactic"); ou não têm qualquer ordem, dispondo-se as configurações ao acaso, tratando-se então de um polímero *atático* ou *heterotático* ("atactic" ou "heterotactic"). Nesse último caso, formam-se *estereoblocos* ("stereoblocks"), isto é, segmentos de unidades repetidas de mesma configuração, formando blocos, que se sucedem sem obediência a leis de repetição reconhecida.

A macromolécula pode ser representada por sua cadeia principal, disposta em zigue-zague e estar apoiada sobre um plano. Pode-se simbolizar as ligações dos átomos unidos à cadeia macromolecular por linhas cheias ou tracejadas, respectivamente acima e abaixo desse plano. Verifica-se que, nos polímeros isotáticos, todos os substituintes se encontram do mesmo lado do plano, enquanto que, nos polímeros sindiotáticos, os substituintes estão alternadamente acima e abaixo do plano da cadeia principal, e nos atáticos, não há disposição preferencial. A **Figura 7** ilustra as diferentes formas de taticidade resultantes de reações de polimerização de olefinas monossubstituídas.

Os polímeros podem ter suas cadeias sem *ramificações* ("branches"), admitindo conformação em zigue-zague, e são denominados *polímeros lineares* ("linear polymers"). Podem apresentar ramificações, e são denominados *polímeros ramificados* ("branched polymers"), com maior ou menor complexidade. Podem ainda exibir cadeias mais complexas, com ligações cruzadas ("crosslinks"), formando polímeros reticulados ("crossklinked polymers"). Como conseqüência imediata, surgem propriedades diferentes no polímero, decorrentes de cada tipo de cadeia, especialmente em relação à fusibilidade e solubilidade. Os ramos laterais, dificultando a aproximação das cadeias poliméricas, portanto diminuindo as interações moleculares, acarretam prejuízo às propriedades mecânicas, atuando como plastificantes ("plasticizers") internos do polímero. A formação de retículos, devido às ligações cruzadas entre moléculas, "amarra" as cadeias, impedindo o seu deslizamento umas sobre as outras, aumentando muito a resistência mecânica e tornando o polímero insolúvel e infusível. A **Figura 8** representa essas estruturas de modo simplificado.

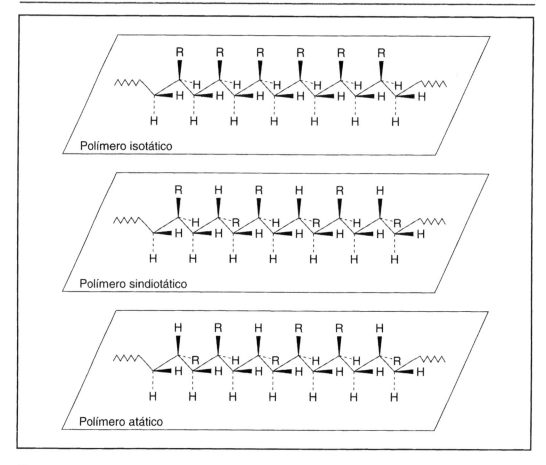

Figura 7 — *Formas isoméricas configuracionais em reações de polimerização*

Ao encerrar esta Introdução, deve-se destacar o papel fundamental que tiveram os trabalhos de **Flory**, os quais permitiram a melhor compreensão das características das macromoléculas, especialmente em solução. O reconhecimento da valiosa contribuição de sua obra lhe valeu o Prêmio Nobel de 1974.

Este livro tem como objetivo apresentar uma visão ampla e geral dos polímeros naturais e sintéticos de reconhecida importância industrial, envolvendo conceitos científico-tecnológicos. Assim, não inclui os biopolímeros, isto é, os polímeros naturais que participam de reações metabólicas relacionadas à vida, uma vez que sua complexidade excede os limites impostos a uma obra de caráter introdutório como esta.

Dados biográficos

- Jons J. Berzelius (Suécia) ★ 1779 — † 1848
- Hermann Staudinger (Alemanha) ★ 1881 — † 1965   Prêmio Nobel, 1953
- Carl S. Marvel (E.U.A.) ★ 1894 — † 1988
- Wallace H. Carothers (E.U.A.) ★ 1896 — † 1937
- Karl Ziegler (Alemanha) ★ 1898 — † 1973   Prêmio Nobel, 1963
- Giulio Natta (Itália) ★ 1903 — † 1979   Prêmio Nobel, 1963
- Paul J. Flory (E.U.A.) ★ 1910 — † 1985   Prêmio Nobel, 1974

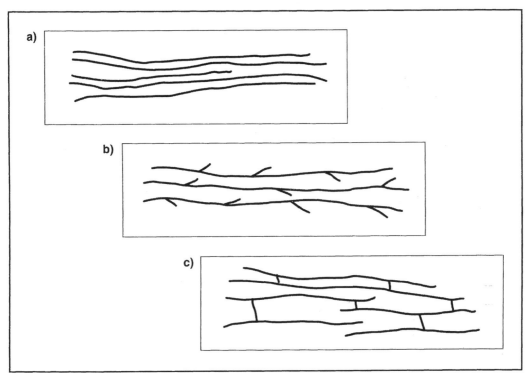

Figura 8 — *Representação de cadeias macromoleculares (a) Cadeia sem ramificações (b) Cadeia com ramificações (c) Cadeia reticulada*

Bibliografia recomendada

- R.B. Seymour & C.E. Carraher, Jr. — "Polymer Chemistry", Marcel Dekker, New York, 1988.
- H. Morawetz — "Polymers - The Origins and Growth of a Science", John Wiley, New York, 1985.
- F.W. Billmeyer, Jr. — "Textbook of Polymer Science", John Wiley, Singapore, 1984.
- A.D. Jenkins — "Polymer Science", North Holland, London, 1972.
- E.B. Mano — "Polímeros como Materiais de Engenharia", Edgard Blücher, São Paulo, 1991.

NOMENCLATURA DE POLÍMEROS

A diversidade de formação dos profissionais, envolvidos em atividades tanto acadêmicas quanto industriais na área de Polímeros, impõe a necessidade de se obedecer às regras de nomenclatura sistemática, a fim de que não se instale o caos nas informações técnicas.

Três diferentes sistemas são comumente empregados para a designação dos polímeros. Baseiam-se na *origem do polímero*, real ou virtual, isto é, na nomenclatura dos monômeros que foram ou poderiam ter sido empregados em sua preparação; na *estrutura do mero*, isto é, na unidade química que se repete ao longo da cadeia macromolecular; ou *em siglas*, de uso tradicional, baseadas em abreviações do nome dos monômeros escritos em Inglês.

O sistema de denominação com base na *origem do polímero* estabelece que, para os homopolímeros, basta colocar o prefixo *poli*, seguido do nome do monômero. Exemplo: Poliestireno. Quando o nome do monômero é uma expressão, esta deve estar contida entre parênteses. Exemplo: Poli(metacrilato de metila). É possível dar nomes diferentes ao mesmo polímero: policaprolactama, poli(*épsilon*-caprolactama) e poli(ácido *épsilon*-amino-capróico) são denominações válidas para a mesma estrutura polimérica.

Um copolímero envolve sempre mais de um tipo de monômero; a seqüência pode ser regular ou irregular. Quando se desconhece a seqüência, ela é considerada como ao acaso, isto é, o copolímero é *aleatório*, sendo definido pela partícula co. Exemplo: Poli[estireno-co-(metacrilato de metila)]; se a proporção é conhecida, o monômero em maior quantidade é enunciado primeiro. Por questão de eufonia, especialmente em algumas línguas como o Português, pode-se designar o copolímero colocando como prefixo a expressão *copoli*, seguida dos nomes dos comonômeros, separados por barras e contidos entre parênteses. Exemplo: Copoli(estireno / metacrilato de metila). Em alguns casos, como na denominação química de proteínas, esse sistema é particularmente útil. Por exemplo, a nomenclatura química da gelatina pode ser: copoli(glicina / prolina / hidroxi-prolina / ácido glutâmico / alanina / arginina / leucina / lisina / ácido aspártico / fenil-alanina / serina / valina / treonina / tirosina / metionina / histidina / cistina), enunciando os aminoácidos em ordem decrescente, segundo a proporção em que ocorrem no copolímero.

Se o tipo de seqüência é conhecido, ao invés da partícula *co*, intercalam-se entre os nomes dos comonômeros algumas partículas, sendo as mais comuns -*alt*-, -*b*- e -*g*-, que significam, respectivamente, *alternado*, *em bloco* e *graftizado* (*enxertado*). Exemplo: Poli[etileno-*alt*-(monóxido de carbono)]; poli[(metacrilato de metila)-*b*-(a-metil-estireno)], com blocos poliméricos de cada monômero; poli(etileno-g-acrilonitrila), com cadeia principal polietilênica e ramificações poliacrilonitrílicas.

A denominação segundo a *estrutura do mero* pode mostrar vantagens ou desvantagens, conforme a complexidade do grupamento repetido. Deve-se ressaltar que, para fins de nomenclatura, um copolímero alternado pode ser considerado um homopolímero cujo mero seja originado de ambos os monômeros de partida. Exemplo: Poli(tereftalato de etileno) e poli(hexametileno-adipamida). Pelo sistema anterior, essas denominações seriam copoli(ácido tereftálico / glicol etilênico) e copoli(ácido adípico / hexametilenodiamina), respectivamente. Em alguns casos, esse sistema de nomenclatura é o mais empregado; por exemplo, ao invés de polieteno e polipropeno, são quase exclusivamente usados os termos polietileno e polipropileno (em Química Orgânica, a terminação *ileno* caracteriza um grupamento divalente em dois átomos de carbono vicinais). Quando há dificuldade na designação do mero, recorre-se a outro sistema de nomenclatura.

Na linguagem técnica, pela simplificação que traz aos usuários, é muito empregada a nomenclatura baseada em *siglas*, que utiliza abreviações das denominações usuais, sempre em Inglês. Ex.: PE ("polyethylene", polietileno), HDPE ("high density polyethylene", polietileno de alta densidade), LDPE ("low density polyethylene", polietileno de baixa densidade), LLDPE ("linear low density polyethylene", polietileno linear de baixa densidade); UHMWPE ("ultra-high molecular weight polyethylene", polietileno de altíssimo peso molecular), PMMA ["poly(methyl methacrylate)", poli(metacrilato de metila)], PA-6 ("polyamide 6", poliamida 6), PVC ["poly(vinyl chloride)", poli(cloreto de vinila)], PVAc ["poly(vinyl acetate)", poli(acetato de vinila)], PET ["poly(ethylene terephthalate)", poli(tereftalato de etileno)], ABS ("acrylonitrile-butadiene-styrene terpolymer", terpolímero de acrilonitrila, butadieno e estireno); EVA ("ethylene-vinyl acetate copolymer", copolímero de etileno e acetato de vinila); SAN ("styrene-acrylonitrile copolymer", copolímero de estireno e acrilonitrila).

No caso das borrachas ou elastômeros diênicos, além das denominações científicas, é comum, industrialmente, serem empregadas siglas referentes aos monômeros e à natureza elastomérica do produto. Exemplo: IR ("isoprene rubber", borracha de poliisopreno), BR ("butadiene rubber", borracha de polibutadieno), CR ("chloroprene rubber", borracha de policloropreno), IIR ("isobutylene isoprene rubber", borracha de copolímero de isobutileno e isopreno), SBR ("styrene butadiene rubber", borracha de copolímero de butadieno e estireno), NBR ("acrylonitrile butadiene rubber", borracha de copolímero de butadieno e acrilonitrila), etc. Por extensão, é comum denominar-se NR ("natural rubber") a borracha natural proveniente da seringueira, *Hevea brasiliensis*. Deve-se observar que os termos *borracha* ("rubber") e elastômero ("elastomer") são equivalentes.

Nos polímeros não-diênicos elastoméricos são ainda empregadas algumas siglas: CSM ("chloro sulfonated methylene elastomer", elastômero de polietileno cloro-sulfonado), EOT [elastômero de poli(sulfeto orgânico)], EPDM ("ethylene propylene diene methylene elastomer", elastômero de copolímero de etileno, propileno e dieno não-conjugado), FPM ("fluorinated propylene methylene elastomer", elastômero de copolímero de fluoreto de vinilideno e hexaflúorpropileno), MQ (elastômero de polissiloxano), SBS ("styrene butadiene styrene block copolymer", elastômero de copolímero em bloco de estireno e butadieno), PUR ("polyurethane rubber", borracha de poliuretano) e TPR ("thermoplastic rubber", borracha termoplástica).

Para alguns polímeros são comuns as siglas ER ("epoxy resin", resina epoxídica), MR ("melamine resin", resina melamínica), PR ("phenol resin", resina fenólica), PU ("polyurethane", poliuretano), UR ("urea resin", resina ureica), PPPM [("poly(propylene phthalate maleate)", copolímero de ftalato de propilene e maleato de propileno], GRP ("glass reinforced polyester", poliéster reforçado com vidro), LCP ("liquid crystalline polyester", poliéster líquido-cristalino).

Além dos sistemas de nomenclatura acima apresentados, são comuns expressões originadas de nomes comerciais de grande popularidade, como ocorre com as poliamidas, que recebem a denominação generalizada em Português de *náilons*, com base na marca "Nylon", que se tornou um substantivo comum. Esse termo é seguido de um número, que se refere ao número de átomos de carbono do aminoácido do qual poderia ter-se originado o polímero. Ex.: náilon 6 (policaprolactama). Quando se trata de poliamida originada de uma diamina e um diácido, a denominação informa o número de átomos de carbono da diamina, seguido de um ponto e do número de átomos de carbono do diácido. Exemplo: náilon 6.6 [poli(hexametileno-adipamida)], náilon 6.10 [poli(hexametileno-sebacamida)].

Na prática, emprega-se a denominação que for mais simples para cada caso.

Neste livro, foi mantida a nomenclatura vulgar nos casos já consagrados pelo uso e adotada a nomenclatura internacional, traduzida para a língua portuguesa.

Bibliografia recomendada

- *N.M. Bikales — "Nomenclature", em H.F. Mark, N.M. Bikales, C.G. Overberger & G. Menges, "Encyclopedia of Polymer Science and Engineering", V.10, John Wiley, New York, 1987, págs. 191-204.*

- *American Society for Testing and Materials, D 1418-85 — " Standard Practice for Rubber and Rubber Latices - Nomenclature", V.9, Philadelphia, 1986.*

- *American Society for Testing and Materials, D 883-85 — " Standard Definitions of Terms Relating to Plastics", V. 8, Philadelphia, 1994.*

- *R.B. Alencastro & E.B. Mano — "Nomenclatura de Compostos Orgânicos", Guanabara, Rio de Janeiro, 1987.*

- *E.B. Mano — "Polímeros como Materiais de Engenharia", Edgard Blücher, São Paulo, 1991.*

3

CLASSIFICAÇÃO DE POLÍMEROS

Considerando-se um polímero qualquer, pode-se classificá-lo de diversas maneiras, conforme o critério escolhido. As principais classificações se baseiam nos aspectos descritos no **Quadro 2**.

Segundo a *origem do polímero*, este pode ser distribuído em dois grandes grupos: *naturais* e *sintéticos*. Os polímeros naturais foram os padrões em que se basearam os pesquisadores para a busca de similares sintéticos, durante o extraordinário desenvolvimento da Química de Polímeros, após a II Guerra Mundial, isto é, no início da década de 50. Com o advento da consciência ecológica da sociedade, procurando preservar as condições de vida do planeta para gerações futuras, os polímeros naturais devem retomar gradativamente sua importância industrial.

Quanto ao *número de monômeros* envolvidos na formação da cadeia macromolecular, os polímeros podem ser classificados em *homopolímeros* e *copolímeros*. Em geral, considera-se como homopolímero também os produtos que contêm pequena quantidade (abaixo de 5%) de outro comonômero, o que é comum de ocorrer industrialmente.

Em relação ao *método de preparação do polímero*, é bastante usual a classificação em *polímeros de adição* e *polímeros de condensação*, conforme ocorra uma simples reação de adição, sem subprodutos, ou uma reação em que são abstraídas dos monômeros pequenas moléculas, como HCl, H_2O, KCl. Além desses, existem ainda outros métodos, menos comuns, para a preparação de polímeros, como ciclização, abertura de anel, etc. Um polímero pode também ser preparado por *modificação de outro polímero*, através de reações químicas, como hidrólise, esterificação, acetalização, etc, permitindo a modificação das propriedades iniciais em grau controlável.

Conforme a *estrutura química da cadeia polimérica*, isto é, conforme os grupos funcionais presentes na macromolécula, os polímeros podem ser arbitrariamente distribuídos em inúmeros grupos, como *poli-hidrocarbonetos*, *poliamidas*, *poliésteres*, *poliéteres*, *poliacetais*, *poliuretanos*, etc. Os poli-hidrocarbonetos podem ter cadeia saturada ou insaturada, substituídos ou não por átomos (cloro, flúor, etc.) ou grupos pendentes, como alquilas, carboxilatos, etc.

Relativamente ao *encadeamento da cadeia polimérica*, os meros podem ser incorporados à cadeia em crescimento de modo regular, do tipo *cabeça—cauda*, que é o mais comum, ou do tipo *cabeça—cabeça*, *cauda—cauda*. Pode também ocorrer a adição irregular, envolvendo os dois tipos, de modo descontrolado. A regularidade das seqüências tem reflexos importantes nas propriedades dos polímeros, conforme será visto adiante.

Quanto à *configuração dos átomos da cadeia polimérica*, se o monômero é um dieno conjugado, na poliadição podem surgir seqüências com a configuração *cis* ou *trans*, em analogia

Quadro 2 — Classificação de polímeros

Critério	Classe do polímero
Origem do polímero	• Natural • Sintético
Número de monômeros	• Homopolímero • Copolímero
Método de preparação do polímero	• Polímero de adição • Polímero de condensação • Modificação de outro polímero
Estrutura química da cadeia polimérica	• Poli-hidrocarboneto • Poliamida • Poliéster etc
Encadeamento da cadeia polimérica	• Seqüência cabeça-cauda • Seqüência cabeça–cabeça, cauda–cauda
Configuração dos átomos da cadeia polimérica	• Seqüência cis • Seqüência trans
Taticidade da cadeia polimérica	• Isotático • Sindiotático • Atático
Fusibilidade e/ou solubilidade do polímero	• Termoplástico • Termorrígido
Comportamento mecânico do polímero	• Borracha ou elastômero • Plástico • Fibra

ao isomerismo *cis-trans* encontrado em micromoléculas orgânicas. É particularmente importante nas borrachas diênicas, pois a geometria dos segmentos que respondem pelas características elastoméricas depende das condições reacionais.

Segundo a *taticidade da cadeia polimérica*, os polímeros podem se apresentar *isotáticos*, *sindiotáticos* ou *atáticos*. Centros quirais podem surgir na cadeia macromolecular, em analogia ao isomerismo ótico encontrado em micromoléculas, quando o monômero apresentar dupla ligação olefínica, e não possuir plano de simetria, e ainda for submetido a condições reacionais adequadas, especialmente com catalisadores especiais.

Através das características de *fusibilidade* e/ou *solubilidade*, que obrigam à escolha de processamento tecnológico adequado, os polímeros podem ser agrupados em *termoplásticos* e *termorrígidos*. Os *polímeros termoplásticos* ("thermoplastic polymers") fundem por aquecimento e solidificam por resfriamento, em um processo reversível. Os polímeros lineares ou ramificados pertencem a esse grupo. Esses polímeros também podem ser dissolvidos em solventes adequados. Os *polímeros termorrígidos* ("thermoset polymers"), por aquecimento ou outra forma de tratamento, assumem estrutura reticulada, com ligações cruzadas, tornando-se infusíveis.

Conforme a estrutura reticulada seja devida a ligações covalentes fortes, ou a simples ligações hidrogênicas, mais fracas, o polímero termorrígido pode ser denominado *termorrígido químico* ou *termorrígido físico*, respectivamente. No primeiro caso, é totalmente insolúvel em quaisquer solventes; no segundo caso, pode ser solúvel em solventes adequados, muito polares, capazes de impedir a formação daquelas ligações hidrogênicas entre as cadeias. O grau de interação/interligação dessas cadeias afeta a processabilidade, que tem grande importância tecnológica.

De acordo com o *comportamento mecânico dos polímeros*, os materiais macromoleculares podem ser divididos em três grandes grupos: *borrachas, plásticos e fibras*. As faixas que demarcam, embora muito fluidamente, os limites do módulo elástico, diferenciando borrachas, plásticos e fibras, são: 10^1 a 10^2, 10^3 a 10^4, e 10^5 a 10^6 psi (1 psi = 0,07 kg/cm^2 = 7×10^3 Pa), respectivamente.

Além dessa delimitação pelo módulo elástico, algumas outras características são típicas de cada um desses materiais. Assim, *borracha*, ou *elastômero*, é um material macromolecular que exibe elasticidade em longa faixa, à temperatura ambiente. *Plástico* (do Grego, "adequado à moldagem") é um material macromolecular que, embora sólido no estado final, em algum estágio do seu processamento pode tornar-se fluido e moldável, por ação isolada ou conjunta de calor e pressão. *Fibra* é um termo geral que designa um corpo flexível, cilíndrico, com pequena seção transversal, com elevada razão entre o comprimento e o diâmetro (superior a 100). No caso de polímeros, engloba macromoléculas lineares, orientáveis longitudinalmente, com estreita faixa de extensibilidade, parcialmente reversível (como os plásticos), resistindo a variações de temperatura de -50 a +150^{0}C, sem alteração substancial das propriedades mecânicas; em alguns casos, são infusíveis.

Bibliografia recomendada

- *F.W. Billmeyer, Jr. — "Textbook of Polymer Science", John Wiley, Singapore, 1984.*
- *A.D. Jenkins — "Polymer Science", North Holland, London, 1972.*
- *E.B. Mano — "Polímeros como Materiais de Engenharia", Edgard Blücher, São Paulo, 1991.*

CONDIÇÕES PARA UMA MICROMOLÉCULA FORMAR POLÍMERO

Para que uma micromolécula possa dar origem a um polímero, é essencial que sua estrutura química apresente *funcionalidade* igual a 2, isto é, apresente dois sítios suscetíveis de permitir o crescimento da cadeia. Se a substância tem grupamentos funcionais que propiciem o crescimento da molécula por apenas um ponto, não é gerado polímero; se houver dois pontos, isto é, a funcionalidade da molécula é 2, o polímero resultante terá cadeias lineares, com ou sem ramificações e comportamento termoplástico. Se os grupos funcionais permitirem reação por 3 ou mais pontos, o polímero resultante poderá conter ligações cruzadas, apresentando estrutura reticulada, tendo comportamento de termorrígido.

Essa é uma condição necessária, mas não suficiente. Em micromoléculas, qualquer que seja a rota de síntese adotada, o produto obtido é exatamente o mesmo: ácido benzóico, anilina, etanol, etc. Os polímeros são moléculas muito mais complexas; para o mesmo monômero e diferentes condições reacionais, podem ser obtidos materiais com variações significativas no peso molecular e na sua distribuição, no encadeamento dos meros, na configuração dos átomos que compõem a cadeia macromolecular, na taticidade do polímero, etc.

Assim, além das numerosas substâncias já conhecidas com propriedades de monômero, muitas outras podem surgir, à medida que vão sendo pesquisadas as condições necessárias à sua polimerização. Em qualquer caso, é importante que a reação apresente velocidade adequada para que possa ter interesse industrial, como as reações de poliadição em cadeia, as reações do tipo Schotten-Baumann, etc.

Um número limitado de monômeros tem sido preferido pela indústria para a produção de polímeros de uso geral, e quase todos são de origem petroquímica, conforme se vê pelos processos de fabricação. Outros monômeros são empregados apenas quando as características do polímero são especiais.

No **Quadro 3** estão relacionados os monômeros olefínicos mais importantes, bem como os polímeros correspondentes.

Além dos hidrocarbonetos insaturados, estão também incluídos os monômeros de cadeia parafínica contendo grupamentos pendentes, tais como fenila, vinila, acetato, nitrila, acrilato, etc.

No **Quadro 4**, são apresentados os monômeros di-hidroxilados de maior interesse industrial, utilizados na fabricação de poliéteres ou poliésteres.

Alguns desses monômeros di-hidroxilados, líquidos, podem ser também utilizados sob a forma de epóxido, gasosos, conforme a tecnologia a ser utilizada na fabricação do polímero. Os principais monômeros epoxídicos estão relacionados no **Quadro 5**.

Quadro 3 — Monômeros olefínicos mais importantes

$$\begin{array}{c} R \\ R' \end{array} C = C \begin{array}{c} R'' \\ R''' \end{array}$$

Polímero	Monômero	Substituintes			
		$-R$	$-R'$	$-R''$	$-R'''$
PE	Etileno	$-H$	$-H$	$-H$	$-H$
PP	Propileno	$-CH_3$	$-H$	$-H$	$-H$
PS	Estireno	$-C_6H_5$	$-H$	$-H$	$-H$
BR	Butadieno	$-CH=CH_2$	$-H$	$-H$	$-H$
IR	Isopreno	$-C(CH_3)=CH_2$	$-H$	$-H$	$-H$
PVC	Cloreto de vinila	$-Cl$	$-H$	$-H$	$-H$
CR	Cloropreno	$-C(Cl)=CH_2$	$-H$	$-H$	$-H$
PAN	Acrilonitrila	$-CN$	$-H$	$-H$	$-H$
PAA	Ácido acrílico	$-COOH$	$-H$	$-H$	$-H$
PBA	Acrilato de butila	$-COOC_4H_9$	$-H$	$-H$	$-H$
PVAc	Acetato de vinila	$-OCOCH_3$	$-H$	$-H$	$-H$
PIB	Isobutileno	$-CH_3$	$-CH_3$	$-H$	$-H$
PMMA	Metacrilato de metila	$-COOCH_3$	$-CH_3$	$-H$	$-H$
PVDC	Cloreto de vinilideno	$-Cl$	$-Cl$	$-H$	$-H$
PTFE	Tetraflúor-etileno	$-F$	$-F$	$-F$	$-F$

Quadro 4 — Monômeros di-hidroxilados mais importantes

$$HO - R - OH$$

Polímero	Monômero	Substituinte $-R-$
PEG PET*	Glicol etilênico	$-CH_2-CH_2-$
PPG PPPM*	Glicol propilênico	$-CH_2-CH(CH_3)-$
-	Glicerol	$-CH_2-CH(OH)-CH_2-$
PC* ER*	2,2-Di-(p-fenilol)-propano	$-C_6H_4-C(CH_3)_2-C_6H_4-$

* Polímero obtido através de reação deste com outro monômero.

Quadro 5 — Monômeros epoxídicos mais importantes

$$R$$
$$O$$

Polímero	Monômero	Substituinte —R—
PEO	Óxido de etileno	$-CH_2-CH_2-$
PPO	Óxido de propileno	$-CH_2-CH(CH_3)-$
ER*	Epicloridrina	$-CH_2-CH(CH_2Cl)-$

* Polímero obtido através de reação deste com outro monômero.

Monômeros industriais com grupamentos funcionais aminados são úteis na fabricação de polímeros, tal como mostrado no **Quadro 6**. É interessante comentar que cadeias macromoleculares contendo, além dos átomos de carbono, átomos de nitrogênio, formando poliaminas, não geram polímeros de importância prática, ao contrário do que ocorre com átomos de oxigênio, que geram poliéteres e poliacetais.

O **Quadro 7** relaciona os monômeros monocarbonilados, isto é, os aldeídos, assim como outros compostos bifuncionais correlacionados, tais como ácido carbônico, cloreto de carbonila ou fosgênio, carbonato de difenila e uréia, todos de importância industrial. Permitem a obtenção de poliacetais, policarbonatos e policarboamidas. Por outro lado, os aldeídos possibilitam a formação de grupos acetal pendentes, em reações de modificação de poli(álcool vinílico), resultando resinas de importante aplicação em composições de revestimento, isto é, tintas e vernizes.

Quadro 6 — Monômeros aminados mais importantes

$$H_2N - R - NH_2$$

Polímero	Monômero	Substituinte —R—
PA 6.6* PA 6.10*	Hexametilenodiamina	$-(CH_2)_6-$
MR*	Melamina	

* Polímero obtido através de reação deste com outro monômero.

Quadro 7 — Monômeros monocarbonilados mais importantes

$$R-C\underset{R'}{\overset{O}{\lesseqgtr}}$$

Polímero	Monômero	Substituintes	
		—R	—R'
POM PVF* PR* UR* MR*	Aldeído fórmico	—H	—H
PVB*	Aldeído butírico	—$(CH_2)_2$—CH_3	—H
PC*	Ácido carbônico	—OH	—OH
PC*	Fosgênio	—Cl	—Cl
UR*	Uréia	—NH_2	—NH_2
PC*	Carbonato de difenila	—OC_6H_5	—OC_6H_5

* Polímero obtido através de reação deste com outro monômero.

Quadro 8 — Monômeros dicarbonilados mais importantes

$$\underset{R'}{\overset{O}{\lesseqgtr}}C-R-C\underset{R'}{\overset{O}{\lesseqgtr}}$$

Polímero	Monômero	Substituintes	
		—R—	—R'
PA 6.6*	Ácido adípico	—$(CH_2)_4$—	—OH
PET*	Ácido tereftálico	—C_6H_4—	—OH
PPPM*	Anidrido maleico	—CH=CH—	(—O—)$_{1/2}$
PPPM*	Anidrido ftálico	—C_6H_4—	(—O—)$_{1/2}$

* Polímero obtido através de reação deste com outro monômero.

A formação da cadeia polimérica contendo grupos éster ou amida pode também ser conseguida através da reação de monômeros dicarbonilados, bifuncionais, tais como diácidos e anidridos, alifáticos ou aromáticos, conforme detalhado no **Quadro 8**. As policondensações com esses monômeros são particularmente importantes na construção de macromoléculas especiais, conhecidas como *polímeros de engenharia de alto desempenho* ("high performance engineering polymers"), preliminarmente denominados *novos materiais*, expressão que já está em desuso. Assim, esses monômeros reagem com dióis ou diaminas também de estrutura especial, geralmente aromáticos, com o objetivo de alcançar as características mecânicas e térmicas exigidas para sua aplicação em peças de equipamentos de alta tecnologia. Os poliésteres, poliamidas e poliimidas formados oferecem um conjunto de propriedades incomum e de grande valor industrial.

Mais de um tipo de função química pode ocorrer no monômero, conforme é visto no **Quadro 9**, em que os aminoácidos de importância industrial estão relacionados. Com esses monômeros, a policondensação forma homopolímeros.

No **Quadro 10** estão apresentados os diisocianatos aromáticos, 2,4-diisocianoxi-tolueno ("toluene diisocyanate", TDI) e di-(4-isocianoxi-fenil) metano ("methylene diisocyanate", MDI), que são fabricados industrialmente e são precursores dos poliuretanos. Em certos casos, diisocianatos alifáticos também são utlizados.

Quadro 9 — Monômeros aminocarbonilados mais importantes

$$\overset{O}{\underset{R'}{\overset{\|}{C}}}-R-\overset{H}{\underset{R''}{\overset{|}{N}}}$$

Polímero	Monômero	Substituintes		
		—R—	—R'	—R''
PA 6	Ácido ε-aminocapróico	$-(CH_2)_5-$	—OH	—H
PA 6	ε-Caprolactama	—	$-(CH_2)_5-$	—
PA 11	Ácido ω-aminoundecanóico	$-(CH_2)_{10}-$	–OH	—H

Quadro 10 — Monômeros isocianatos mais importantes

$$O=C=N-R-N=C=O$$

Polímero	Monômero	Substituinte —R—
PU*	2,4-Diisocianoxi-tolueno	$-C_6H_4(CH_3)-$
PU*	Di-(4-isocianoxi-fenil)-metano	$-C_6H_4-CH_2-C_6H_4-$

* Polímero obtido através de reação deste com outro monômero.

Quadro 11 — Monômeros aromáticos mais importantes

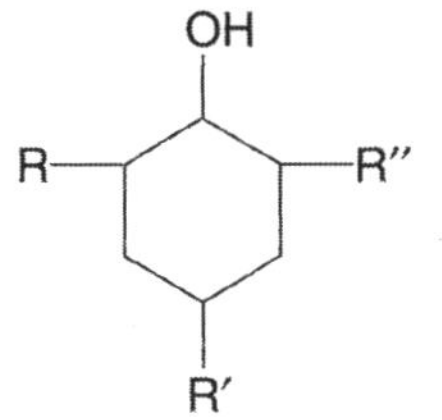

OH
R—⬡—R″
R′

Polímero	Monômero	Substituintes		
		—R	—R′	—R″
PR*	Fenol	—H—	—H	—H

* Polímero obtido através de reação deste com outro monômero.

Finalmente, os átomos de hidrogênio do anel aromático podem ser considerados funções químicas em reações de policondensação, conforme visto no **Quadro 11**; é necessária a presença de hidroxila fenólica para ativar esses átomos de hidrogênio. Além do fenol, cresóis também podem ser empregados, produzindo resinas úteis em composições de revestimento.

As rotas de obtenção dos principais monômeros de importância industrial serão apresentadas no **Capítulo 19** deste livro.

Bibliografia recomendada

* A.D. Jenkins — "Polymer Science", North Holland, London, 1972.
* W.J. Roff & J.R. Scott — "Fibres, Films, Plastics and Rubbers", Butterworth, London, 1971.
* E.B. Mano — "Polímeros como Materiais de Engenharia", Edgard Blücher, São Paulo, 1991.

A ESTRUTURA QUÍMICA DOS MONÔMEROS E AS PROPRIEDADES DOS POLÍMEROS

No campo de Polímeros, destaca-se a importância das características moleculares do monômero para que seja possível uma fundamentada expectativa quanto às propriedades e desempenho do material polimérico dele resultante. É necessário conhecer a natureza química dos monômeros, o processo de preparação do polímero e a técnica escolhida para essa preparação. A natureza química tem implicações na estrutura polimérica formada, tanto no que se refere à constituição quanto à configuração e à conformação.

No domínio das moléculas orgânicas comuns, isto é, micromoléculas, as propriedades de cada substância dependem da natureza e do número de átomos que a compõe, isto é, da sua *composição química*; da maneira pela qual os átomos se distribuem e se ligam uns em relação aos outros, isto é, da sua *constituição*; da geometria espacial do composto formado, isto é, da sua *configuração*; e ainda da forma assumida por esses átomos interligados, isto é, da sua *conformação*.

Qualquer que seja o método de preparação de um determinado composto químico, por exemplo, o ácido benzóico, uma vez que seja purificado, suas propriedades físicas e químicas são as mesmas. Quando a micromolécula é um monômero, para que se forme um polímero são evidentemente necessárias condições adequadas, tal como ocorre em qualquer reação química. Entretanto, no caso de um monômero como o eteno, conforme o processo de preparação adotado, pode resultar um polietileno de características físicas, e mesmo químicas, diferentes, passando de material flexível e macio a rígido e resistente, de usos bastante distintos.

Isso se deve ao mecanismo das reações envolvidas na polimerização. O eteno pode produzir uma cadeia linear, porém com ramificações e ainda algumas insaturações, de espaço a espaço, através de mecanismo via radical livre. Pode também resultar um encadeamento de átomos de carbono metilênico, formando uma cadeia linear, com grande regularidade, sem ramificações, através de mecanismo via coordenação. No primeiro caso, a formação de radicais livres permite a geração de ramificações, a espaços irregulares, ao longo da cadeia principal. No segundo caso, a polimerização é provocada por catalisadores, e não há ramificações.

Devido à polimolecularidade, os polímeros industriais podem apresentar maior ou menor proporção dos produtos com diversos graus de polimerização, predominância de um tipo de constituição, ou de configuração. Isso pode acarretar variação substâncial nas propriedades do material polimérico formado, das quais depende a sua aplicação prática.

Quando os polímeros são resultantes de reações de condensação, os mecanismos são diferentes dos que promovem as reações de adição; a cadeia principal apresenta heteroátomos, isto é, átomos diferentes do carbono. É importante observar que a flexibilidade do encadeamento, que corresponde ao "esqueleto" da molécula do polímero, depende dos átomos interligados; é maior quando a cadeia é parafínica, como no caso do polietileno, e menor quando existem anéis aromáticos como parte da cadeia principal, como no caso de poliimidas, que são polímeros de engenharia de alto desempenho.

A variação estrutural do mesmo polímero influi decisivamente nas propriedades do material. As ramificações atuam como "atrapalhadores" da proximidade dos segmentos de cadeia, e diminuem as interações desses segmentos. Assim, a energia total envolvida nessas interações é reduzida e a energia necessária para destruí-las, também; do mesmo modo, também são diminuídas a temperatura e a força necessárias a esta destruição. Em conseqüência, essas ramificações amaciam e flexibilizam o produto formado. Portanto, as ramificações funcionam como *plastificantes internos* do polímero regular, sendo este um caráter intrínseco, permanente, do material, em contraposição a igual efeito, obtido através da adição de *plastificantes externos*, que são removíveis por meios físicos e, assim, vão modificando progressivamente as características do produto.

As propriedades físicas dos polímeros estão relacionadas à resistência das ligações covalentes, à rigidez dos segmentos na cadeia polimérica e à resistência das forças intermoleculares entre as moléculas do polímero. Assim, pode-se compreender por que motivo a Ciência e a Tecnologia dos polímeros são tão fortemente interligadas.

Bibliografia recomendada

* *D.W.Van Krevelen — "Properties of Polymer", Elsevier, Amsterdam, 1990.*
* *A.Tager — "Physical Chemistry of Polymers", MIR, Moscou, 1978.*
* *A.D.Jenkins — "Polymer Science", North Holland, London, 1972.*
* *E.B.Mano — "Polímeros como Materiais de Engenharia", Edgard Blücher, São Paulo, 1991.*

O PESO MOLECULAR
E AS PROPRIEDADES DOS POLÍMEROS

As propriedades dos polímeros variam progressivamente com o peso molecular, que depende das condições de polimerização para cada monômero. Para a mesma estrutura polimérica, essa variação torna-se pouco expressiva quando os pesos atingem ou excedem a ordem de grandeza de 10^5, conforme já comentado no **Capítulo 1**. Paralelamente, pode ser esperado também aumento na viscosidade das soluções, na capacidade de formação de filmes, na resistência à tração, ao impacto, ao calor, a solventes, etc.

Valores típicos de pesos moleculares são dados no **Quadro 12**, para os polímeros naturais e, no **Quadro 13**, para os polímeros sintéticos. Verifica-se que os polímeros orgânicos naturais, cuja origem é biogenética, têm pesos moleculares muito mais elevados que os polímeros orgânicos sintéticos, obtidos em geral através de reações de poliadição e de policondensação. Esses pesos moleculares podem sofrer diminuição por tratamentos físicos ou químicos, quando necessários à processabilidade ou à utilização dos polímeros, como no caso da celulose e seus derivados.

Observa-se também que os produtos de poliadição têm pesos moleculares uma ordem de grandeza mais elevados que os produtos de policondensação. Isso se explica pelo mecanismo de formação da macromolécula, que envolve reação em cadeia, no primeiro caso, e reação em etapas, no segundo, conforme será discutido no **Capítulo 8**. Nota-se ainda que, conforme o processamento a que for submetido o polímero, a faixa de peso molecular mais adequada é diferente.

Quando se trata de micromoléculas, como o naftaleno, não é necessário adicionar qualquer explicação ao resultado obtido para seu peso molecular, uma vez que é um valor único e constante: peso molecular, 128. Como os polímeros não são substâncias "puras", no sentido usual do termo, porém misturas de moléculas de diferentes pesos moleculares e mesmo diferentes estruturas químicas, embora possam ter a mesma composição centesimal, é importante conhecer a *curva de distribuição* desses pesos e o *peso molecular médio* ("average molecular weight") do produto.

Há três tipos principais de peso molecular comumente referidos na literatura de polímeros: *peso molecular numérico médio, peso molecular ponderal médio* e *peso molecular viscosimétrico médio*. Em todos os casos, a sua determinação exige que o polímero seja solúvel. Em geral, um travessão horizontal sobreposto ao símbolo do peso molecular indica que se trata de um valor médio. É conveniente lembrar que, em polímeros, o que é importante nos pesos moleculares é a sua ordem de grandeza; não têm real significado os valores determinados pelos métodos usuais e registrados com precisão inferior a 1.000.

Quadro 12 — Pesos moleculares típicos de polímeros naturais			
Origem	Polímero	Peso molecular médio	Observação
Natural	Borracha natural, *cis*-poliisopreno	200.000	Látex de seringueira, *Hevea brasiliensis*, não tratado
	Celulose nativa, poli(1,4'-anidro-celobiose)	300.000	Algodão de algodoeiro, *Gossypium sp*, não tratado
	Queratina, poli(α-aminoácido)	60.000	Lã de ovelha, *Ovis aries*, tratada com solução de sabão
	Borracha natural, *cis*-poliisopreno	60.000	Borracha de seringueira, após mastigação ao ar, entre cilindros
Natural, modificada	Celulose regenerada, poli(1,4'-anidro-celobiose)	150.000	Transformada em xantato de celulose e sódio, precipitada em meio aquoso ácido, como *Cellophane*
	Nitrato de celulose, nitrato de poli(1,4'-anidrocelobiose)	50.000	Grau de substituição 1; aplicação em vernizes

O *peso molecular numérico médio* ("number-average molecular weight") depende do número de moléculas de polímero presentes na solução, qualquer que seja a sua estrutura ou tamanho; é representado pela expressão:

$$\overline{M}_n = \frac{\sum_{i=1}^{\infty} n_i M_i}{\sum_{i=1}^{\infty} n_i}$$

em que:

M_n — Peso molecular numérico médio

M_i — Peso molecular de moléculas de classe *i*

n_i — Número de moléculas de classe *i*

O *peso molecular ponderal médio* ("weight-average molecular weight") depende do número e do peso das moléculas presentes na solução, qualquer que seja a sua estrutura ou tamanho; é representado pela expressão:

$$\overline{M}_w = \frac{\sum_{i=1}^{\infty} n_i M_i^2}{n_i M_i}$$

Quadro 13 — Pesos moleculares típicos de polímeros sintéticos

Origem	Polímero	Peso molecular médio	Observação
Sintética, poliadição	HDPE, polietileno de alta densidade	200.000	Preparado pelo processo Ziegler-Natta
	PS, poliestireno	200.000	Indicado para a moldagem por injeção
	PVC, poli(cloreto de vinila)	100.000	Indicado para a moldagem por extrusão
	PMMA, poli(metacrilato de metila)	500.000	Preparação por polimerização em massa
Sintética, policondensação	PA-6.6, poli(hexametileno-adipamida)	20.000	Indicado para a fabricação de fibras
	PET, poli(tereftalato de etileno)	20.000	Indicado para a fabricação de fibras

em que:

M_w — Peso molecular ponderal médio

M_i — Peso molecular de moléculas de classe i

n_i — Número de moléculas de classe i

O *peso molecular viscosimétrico médio* ("viscosity-average molecular weight") depende do número, do peso e também da forma das macromoléculas presentes na solução, qualquer que seja a sua estrutura ou tamanho; é representado pela expressão:

$$\overline{M}_v = \frac{\left[\sum_{i=1}^{\infty} n_i M_i^{1/a}\right]^{1/a}}{\sum_{i=1}^{\infty} n_i M_i}$$

em que:

M_v — Peso molecular viscométrico médio

M_i — Peso molecular de moléculas de classe i

n_i — Número de moléculas de classe i

a — Constante (dependente de polímero, solvente e temperatura)

A diferença de significado, entre os valores obtidos para peso molecular numérico médio e ponderal médio, pode ser facilmente compreendida através de uma assimilação às médias aritmética e ponderal de notas, obtidas por estudantes em exames. Por exemplo, admitamos que, em um curso, a valorização das notas altas pelo professor fosse feita pela ponderação das notas em valor igual à própria nota. Para um estudante que tivesse obtido, nesse curso, cinco notas 100 e vinte notas 30, as médias aritmética e ponderal seriam:

$$\text{Média aritmética} \quad \frac{5 \times 100 + 20 \times 30}{5 + 20} = 44,0$$

$$\text{Média ponderada} \quad \frac{5 \times 100 \times 100 + 20 \times 30 \times 30}{5 \times 100 + 20 \times 30} = 61,8$$

No caso de moléculas, seriam cinco moléculas de peso 100 e vinte moléculas de peso 30, seus pesos moleculares numérico médio e ponderal médio seriam calculados de maneira semelhante:

$$\text{Peso molecular numérico médio} \quad \frac{5 \times 100 + 20 \times 30}{5 + 20} = 44,0$$

$$\text{Peso molecular ponderal médio} \quad \frac{5 \times 100 \times 100 + 20 \times 30 \times 30}{5 \times 100 + 20 \times 30} = 61,8$$

Verifica-se que o valor ponderal médio é mais elevado que o valor numérico médio, e que é mais expressivo no campo de Polímeros, pois valoriza a característica dominante dos polímeros que é o seu tamanho molecular. Os valores serão idênticos quando todos os pesos (ou notas) forem iguais. Assim, o quociente, M_w / M_n, que é denominado *polidispersão* ("polydispersion"), será tanto maior quanto mais heterogêneos forem os pesos moleculares. Quando os produtos são de composição uniforme, o material é dito *monodisperso*; por exemplo, alguns polímeros naturais e os polímeros sintéticos obtidos por iniciação aniônica. Quando há variação nos pesos moleculares, o material é dito *polidisperso*, e este é o caso mais comum nos polímeros sintéticos. A polidispersão nos polímeros industriais é, em geral, próxima de 2, mas pode atingir valores bem mais altos, em certos casos.

Os processos pelos quais são obtidos os pesos moleculares médios, M_n, M_w e M_v, conduzem a valores diferentes, devido à característica de polimolecularidade dos polímeros. Conforme o processo, é considerado predominante o número, o peso e/ou a forma das macromoléculas em solução. Em geral, os processos disponíveis somente podem ser aplicados se o polímero for solúvel. Os valores obtidos dependem do processo utilizado, que deve ser sempre especificado.

Na determinação do peso molecular numérico médio, utilizam-se os processos que medem propriedades coligativas, isto é, que só dependem do número de moléculas presentes, e exigem soluções muito diluídas, abaixo de 1%, a fim de que seja aplicável a Lei de Raoult. Dentre esses processos destacam-se a *crioscopia* ("cryoscopy", CR); a *ebulioscopia* ("ebullioscopy", EB); a *osmometria de pressão de vapor* ("vapor pressure osmometry", VPO), também denominada *destilação isotérmica* ("isothermal distillation"); a *osmometria de membrana* ("membrane osmometry", OS); e, em casos especiais, a *determinação dos grupos terminais* ("end group titration", EG). Esses processos conduzem a valores absolutos de peso molecular.

Pode ainda ser empregado o processo da *cromatografia de permeação em gel* ("gel permeation chromatography", GPC) ou *cromatografia de exclusão por tamanho molecular* ("size exclusion chromatography", SEC), que resulta em valores relativos, exigindo como referência um polímero-padrão, de peso molecular conhecido e determinado por um processo absoluto qualquer.

No caso do peso molecular ponderal médio, são empregados os processos absolutos de *espalhamento de luz* ("light scattering", LS); a *ultracentrifugação* ("ultracentrifugation"); e também a *cromatografia de permeação em gel*, já referida.

O peso molecular viscosimétrico médio é usualmente determinado por *viscosimetria* ("viscosimetry"); é o processo mais simples e empregado correntemente em análises industriais rotineiras. Não é um método absoluto, pois exige o conhecimento de constantes, obtidas da literatura ou determinadas empregando polímeros-padrão.

Os processos acima referidos possuem alguns aspectos próprios que dão uma indicação ao pesquisador da conveniência, ou não, de sua escolha para o conhecimento do peso molecular de um polímero qualquer.

Na crioscopia, assim como na ebulioscopia, as soluções devem ser muito diluídas e o número de moléculas de polímero presentes na solução é relativamente pequeno, devido ao seu peso molecular elevado. Assim, o efeito dessas moléculas sobre, respectivamente, o abaixamento do ponto de congelamento ou a elevação do ponto de ebulição, é também pequeno, trazendo limitações de ordem instrumental. Por exemplo, para uma solução a 1% de polímero de peso molecular 50.000, a variação de temperatura a ser medida é da ordem de $0,001^0$C. Esses dois processos se aplicam apenas a micromoléculas e a oligômeros de pesos moleculares inferiores a 5.000.

A osmometria de pressão de vapor emprega termistores para medir a diferença de temperatura causada pela condensação de vapores do solvente sobre a solução do polímero, isto é, o abaixamento da pressão de vapor do solvente em presença da solução do polímero, até se atingir o equilíbrio. Esse processo tem limitações semelhantes àquelas comentadas em crioscopia/ebulioscopia, isto é, somente mede pesos moleculares inferiores a 5.000.

A osmometria de membrana avalia a tendência que têm as moléculas de solvente em diluir a solução do polímero devido à pressão osmótica, aplicando-se a lei de van't Hoff. Utilizam-se osmômetros em que o solvente é separado da solução polimérica por uma membrana semi-permeável, através de cujos poros as moléculas pequenas, do solvente, podem passar livremente, porém não passam as macromoléculas contidas na solução. A membrana deve ser resistente ao solvente empregado; por este motivo, *Cellophane*, que é filme de celulose regenerada, é bastante utilizado para membranas que trabalham tanto em meio solvente orgânico quanto aquoso. Como dados ilustrativos, uma solução a 1% em peso de polímero, de peso molecular 20.000, apresenta cerca de 20 cm de pressão osmótica do solvente. Para cada polímero, nas mesmas condições experimentais (solvente, concentração, temperatura), o valor da pressão osmótica diminui à medida que aumenta o peso molecular. Esse processo permite determinar pesos moleculares entre 10.000 e 1.000.000.

Para a determinação de grupos terminais, é preciso que se apliquem métodos químicos e/ou físico-químicos, quantitativos, de grande precisão. Esses métodos devem ser aplicáveis aos grupamentos esperados nos segmentos terminais das macromoléculas. Estas devem ter estrutura conhecida e ser lineares, uma vez que a presença de ramificações, com seus respectivos grupos terminais, irá dificultar as conclusões, exigindo comparação com outro método. Para ilustração, poli(tereftalato de etileno) de peso molecular 20.000 tem apenas 0,2% de carboxilas e 0,1% de hidroxilas terminais. Esse processo se aplica à determinação de pesos moleculares inferiores a 25.000; acima deste limite, o número de grupos terminais se torna muito pequeno, contra-indicando este processo.

Em casos especiais, o estudo específico de grupos terminais também pode ser feito com isótopos radioativos, por exemplo utilizando indicadores e terminadores de reação contendo ^{14}C. Duas características importantes do processo isotópico são: não está condicionado à solubilidade do polímero, exigência comum aos demais métodos de determinação de peso molecular; permite também o conhecimento do número de ramificações, quando se dispõe do valor do peso molecular fornecido por outro processo. Além disso, no processo isotópico, não há qualquer restrição quanto ao peso molecular do polímero; é procedimento de alta precisão.

A cromatografia por permeação em gel é na verdade um tipo de cromatografia líquida ("liquid chromatography", LC) em que se usam colunas com enchimento apropriado. Baseia-se na separação dos componentes de variado peso molecular presentes na amostra de polímero, conforme o tamanho de cada molécula, que é definido pelo seu volume hidrodinâmico. Procede-se à introdução da solução de polímero em uma coluna contendo como recheio partículas porosas de estrutura rígida ou semi-rígida. O soluto, que é o polímero, constitui a fase móvel; o solvente constitui a fase estacionária, estagnada no interior dos poros do recheio. As macromoléculas maiores não entram nos poros, passam por fora, e atravessam a coluna mais rapidamente; as macromoléculas menores penetram nos poros e percorrem a coluna mais lentamente. Por esse motivo, o processo é também conhecido como cromatografia de exclusão por tamanho.

A **Figura 9** apresenta as curvas de GPC de amostras de poliestireno obtidas por diferentes processos; nota-se que a faixa é mais estreita na Amostra I do que na Amostra II. Essas curvas poderiam também ser obtidas por laboriosa precipitação, com não-solvente miscível ao solvente,

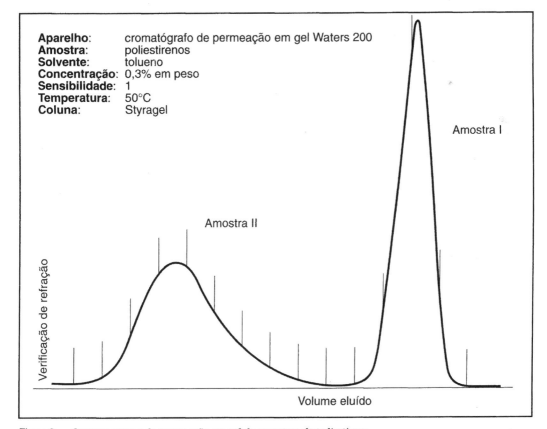

Figura 9 — Cromatograma de permeação em gel de amostras de poliestireno

de cada fração dos polímeros e a determinação dos pesos moleculares de cada sub-fração obtida. O emprego de padrões, de pesos moleculares determinados por métodos absolutos, permite o cálculo de ambos os pesos moleculares médios, numérico e ponderal. Esse processo possibilita a determinação de pesos moleculares da ordem de 10^3 a 10^6.

O processo de espalhamento de luz se baseia na heterogeneidade molecular do meio que é atravessado pelo raio luminoso. A quantidade de luz espalhada é proporcional à massa das moléculas dispersas no meio; o que se mede é a intensidade da luz difundida. As partículas devem ser suficientemente pequenas, de dimensões não maiores que 1/10 do comprimento de onda da luz incidente. As soluções poliméricas devem estar completamentes livres de poeiras e partículas estranhas, que poderiam interferir na determinação. O solvente deve ter índice de refração bastante diferente do polímero, a fim de que ocorra o espalhamento da luz. Ao invés das radiações luminosas usualmente empregadas, podem ser utilizados raios *laser*, de comprimento de onda específico. O método se aplica a macromoléculas de pesos superiores a 10.000.

A ultracentrifugação é método muito preciso, porém de difícil exeqüibilidade, uma vez que o aparelho é de custo elevado, o processo é muito lento e trabalhoso, e há certas dificuldades de ordem teórica. Forças centrífugas 1.000 a 250.000 vezes maiores que a gravidade podem ser empregadas. O peso molecular ponderal médio pode ser obtido pela determinação da *velocidade de sedimentação* ("sedimentation velocity", SV) das macromoléculas nos estágios iniciais da centrifugação, sob a ação de forças gravitacionais muito elevadas, exigindo algumas horas para cada análise. A determinação pode ainda ser feita através do *equilíbrio de sedimentação* ("sedimentation equilibrium", SE) que se estabelece entre a sedimentação das moléculas poliméricas e a sua difusão para a camada de solvente, sendo medido em campos gravitacionais mais fracos, e se estabelece ao longo de dias ou até semanas de trabalho. A ultracentrifugação é processo especialmente indicado para polímeros naturais, que são geralmente monodispersos, como proteínas e ácidos nucleicos; aplica-se a polímeros de pesos moleculares variando de 5.000 a 500.000.

A viscosimetria é método simples e muito difundido nos laboratórios acadêmicos e industriais. Baseia-se na propriedade característica dos polímeros de produzirem soluções viscosas, mesmo a grandes diluições. Depende do maior, ou menor, espaço ocupado pelas macromoléculas, conforme o solvente e a temperatura, isto é, das interações polímero—solvente. A conformação resultante causa maior, ou menor, resistência ao escoamento laminar. Assim, são fatores importantes o número, o peso e a forma das moléculas. Mede-se a diferença de tempo entre o escoamento de volumes iguais de uma solução de polímero e de seu solvente, à temperatura constante, através de um capilar; os tempos devem ser de 100 a 200 segundos. Os pesos moleculares dos polímeros devem estar na faixa de 10.000 a 1.000.000.

Há uma série de termos empregados em viscosimetria de polímeros. Os mais usados são:

viscosidade absoluta ("absolute viscosity")

$$\eta = \frac{td}{t_1 d_1} \, ;$$

viscosidade relativa ("relative viscosity')

$$\eta = \frac{\eta}{\eta_0} = \frac{t}{t_0} \, ;$$

viscosidade específica ("specific viscosity")

$$\eta_{sp} = \eta_r - 1 = \frac{\eta - \eta_0}{\eta_0} = \frac{t - t_0}{t_0};$$

viscosidade inerente ("inherent viscosity")

$$\eta_{inb} = \frac{L\eta_r}{c} = \frac{2,303 \log t/t_0}{c};$$

viscosidade intrínseca ("intrinsic viscosity")

$$[\eta] = \lim[\eta_{inb}]_{c=0};$$

em que:

η = Viscosidade absoluta da amostra (centipoise)
η_0 = Viscosidade absoluta do solvente (centipoise)
η_1 = Viscosidade absoluta do padrão (centipoise)
t = Tempo de escoamento da solução (segundo)

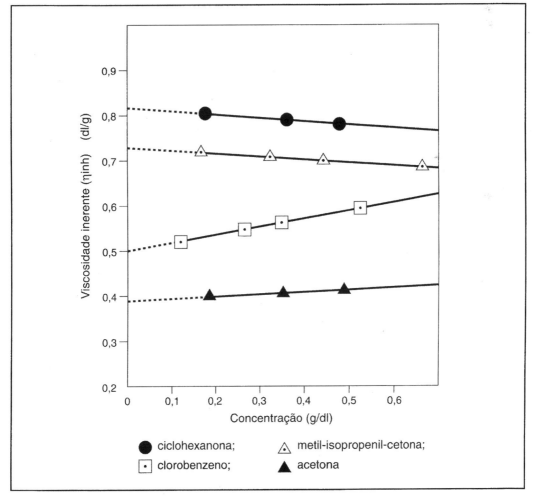

Figura 10 — *Determinação gráfica da viscosidade intrínseca de um polímero*

t_0 = Tempo de escoamento do solvente (segundo)

t_1 = Tempo de escoamento do padrão (segundo)

d = Densidade da amostra

d_1 = Densidade do padrão

c = Concentração da solução (g/dl).

Dessas expressões, a mais significativa é a *viscosidade intrínseca*. Para determiná-la experimentalmente, utiliza-se o método gráfico, empregando a equação clássica de **Mark-Houwink**, que é válida somente para polímeros lineares:

$$[\eta] = K \cdot M_v^a$$

em que:

$[\eta]$ = Viscosidade intrínseca

a, K = Constantes (dependente de polímero, solvente e temperatura)

M_v = Peso molecular viscosimétrico médio.

Esses valores experimentais são fáceis de obter através de viscosímetros, em geral do tipo Ostwald, modificado ou não, ou Ubbelohde. A viscosidade intrínseca é obtida graficamente, fazendo-se pelo menos três determinações de viscosidade inerente, a concentrações de cerca de 0,50, 0,25 e 0,12 g/dl de solução de polímero e extrapolando-se a zero a reta obtida. Obtém-se o valor de $[\eta]$ sobre o eixo das ordenadas, conforme se observa na **Figura 10**. Dessa maneira, é possível determinar experimentalmente o peso molecular viscosimétrico médio de qualquer polímero.

A determinação das constantes a e K pode ser feita graficamente, em papel bilogarítmico, desde que se disponha de amostras de polímero de peso molecular já determinado por outro método, absoluto, e das viscosidade intrínsecas de suas soluções. Verifica-se facilmente que a equação de Mark-Houwink, já citada, permite escrever:

$$\log [\eta] = \log K + a \log M,$$

que é a equação de uma reta, cujo coeficiente linear é $\log K$ e cujo coeficiente angular é a, conforme ilustrado na **Figura 11**.

Os processos empregados na determinação do peso molecular dos polímeros estão apresentados de modo condensado no **Quadro 14**.

Dados biográficos

*   *Herman F. Mark (Áustria)*   ★ *1895 — ✝ 1992*
*   *Roelof Houwink (Holanda)*   ★ *1897 — ✝ 1988*

Bibliografia recomendada

*   *T. Provder, H.G. Barth & M.W. Urban — "Chromatographic Characterization of Polymers", American Chemical Society, Washington, 1995.*
*   *T. Provder — "Chromatography of Polymers", American Chemical Society, Washington, 1993.*
*   *F.W. Billmeyer, Jr. — "Textbook of Polymer Science", John Wiley, Singapore, 1984.*
*   *A.V. Tobolsky & H.F. Mark — "Polymer Science and Materials", R.E. Krieger, New York, 1971.*
*   *P. Meares — "Polymers", D. Van Nostrand, London, 1965.*

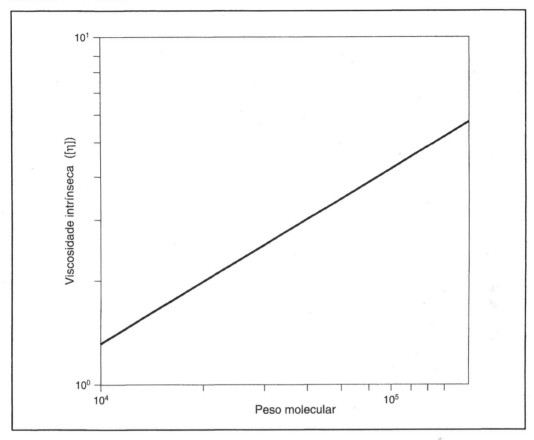

Figura 11 — *Determinação gráfica das constantes viscosimétricas a e K*

Quadro 14 — Processos de determinação de pesos moleculares em polímeros			
Peso molecular	Processo	Sigla	Ordem de grandeza
M_n	Determinação de grupos terminais Crioscopia Ebuliocospia Osmometria de pressão de vapor Osmometria de membrana Cromatografia de permeação em gel Espalhamento de luz	EG CR EB VPO OS GPC LS	10^3 a 10^4 10^3 a 10^4 10^3 a 10^4 10^3 a 10^4 10^4 a 10^6 10^3 a 10^6 10^4 a 10^6
M_w	Ultracentrifugação Cromatografia de permeação em gel	— GPC	10^4 a 10^6 10^3 a 10^6
M_v	Viscosimetria	—	10^4 a 10^6

A ESTRUTURA MACROMOLECULAR
E AS PROPRIEDADES DOS POLÍMEROS

Além da natureza química dos monômeros e do peso molecular dos polímeros, outro importante fator que afeta as propriedades do material é a estrutura macromolecular. Do ponto de vista tecnológico, os materiais poliméricos devem apresentar resistência mecânica satisfatória. Essa resistência depende do grau de compactação da massa, que por sua vez é função da possibilidade de disposição ordenada das macromoléculas. As propriedades físicas dos polímeros estão relacionadas à resistência das ligações covalentes, à rigidez dos segmentos na cadeia polimérica e à resistência das forças intermoleculares.

Para que haja ordenação macromolecular, e não apenas um embaraçamento aleatório das cadeias, é necessário que os segmentos assumam conformações favoráveis à obtenção de estruturas repetidas, regularmente dispostas, o que exige configuração específica dos grupamentos atômicos da cadeia polimérica. É interessante observar que a regularidade estrutural é uma característica típica da biogênese, encontrada nos polímeros naturais.

Os polímeros podem existir em estado amorfo ou em estado cristalino; na grande maioria dos casos, a estrutura do polímero se apresenta parcialmente amorfa ou cristalina. No primeiro caso, ocorre uma disposição desordenada das moléculas; no segundo, há uma ordenação tridimensional, isto é, existe cristalinidade.

A *cristalinidade* ("crystallinity") pode ser conceituada como um arranjo ordenado de matéria no espaço, com repetição regular de grupos atômicos ou moleculares; no caso de polímeros, depende da estrutura química, do peso molecular e do tratamento físico, incluindo temperatura, tempo e forças a que foi submetido o material. A cristalinidade é geralmente medida em percentagem.

Os métodos mais usados para determinar o grau de cristalinidade dos materiais envolvem a *difração de raios-X* ("X-ray diffraction") e de *difração de elétrons* ("electron diffraction"). Quando a estrutura é ordenada, a interferência das radiações com os segmentos da cadeia polimérica é mais acentuada, permitindo distingüir essas estruturas das regiões amorfas, desordenadas. A intensidade de tais interferências é suscetível de determinação experimental, uma vez que os comprimentos de onda dessas radiações têm dimensões comparáveis às distâncias interatômicas encontradas nos cristais, com variação numérica de 1-2 ordens de grandeza. A *calorimetria de varredura diferencial* ("differential scanning calorimetry", DSC) e a *espectrometria no infravermelho* ("infrared spectrometry", IR) também são utilizadas na avaliação da cristalinidade de polímeros.

As propriedades típicas de um polímero cristalizável decorrem não só da sua constituição química e tamanho molecular (*estrutura primária*), como também da sua configuração (*estrutura secundária*), que irá facilitar ou não a formação de estruturas ordenadas (*estrutura terciária*). De acordo com as condições em que ocorre a formação dessas estruturas, são geradas diferentes formas geométricas, de maior ou menor perfeição cristalina.

O arranjo das macromoléculas é explicado segundo dois modelos principais: o modelo da *micela franjada* ("fringed micella"), mais antigo, e o modelo da *cadeia dobrada* ("chain fold"), mais recente e de aceitação generalizada.

Na década de 40 e em princípios da década de 50, os polímeros parcialmente cristalinos eram considerados como um sistema descrito pelo modelo da micela franjada (**Figura 12**). Nesse modelo, pequenos cristais existiriam como parte inseparável da matriz amorfa; assim, o polímero jamais poderia atingir 100% de cristalinidade. Admitia-se que cada cristal era formado por um feixe de cadeias paralelas, sendo tão pequenos que cada cadeia macromolecular passava através de vários feixes, denominados *cristalitos* ("crystallites"). Por esse conceito, à medida que a cristalização progredia, as porções da molécula nas regiões amorfas se tornariam sob tensão, o que impediria subseqüente cristalização. Supunha-se ainda que não era possível a formação de cristalitos independentes, mesmo partindo-se de soluções diluídas do polímero, devido ao embaraçamento das macromoléculas.

Em 1953, dois pesquisadores americanos, **Schlesinger e Leeper**, conseguiram obter cristais de soluções muito diluídas de guta-percha—*trans*-poli-isopreno natural. Em 1957, independentemente, **Keller**, na Inglaterra, **Fischer**, na Alemanha, e **Till**, nos Estados Unidos, conseguiram também a formação de cristais de polietileno, a partir de soluções muito diluídas. Formas geométricas bem definidas de monocristais de polietileno, emergindo da matriz amorfa, como romboedros superpostos, foram observadas no microscópio ótico. Estudos de difração de elétrons nesses cristais revelaram que as cadeias poliméricas estavam orientadas perpendicularmente ao plano das micro-lâminas cristalinas. Como as moléculas nos polímeros têm pelo menos 1000 Å de comprimento, e as microlâminas têm apenas cerca de 100 Å de espessura, a única explicação plausível para o fato é que as cadeias estejam dobradas, como uma fita, conforme se pode observar na **Figura 13**. Desde então, muitos outros autores têm sido bem sucedidos em obter cristais de inúmeros polímeros, sendo a concentração das soluções-mãe usualmente de 0,1%, ou menos.

Teoricamente, uma cadeia de átomos de carbono começa a ter capacidade de constituir uma dobra sobre si mesma, a partir de cinco átomos. Na realidade, uma cadeia linear polimetilênica exige cerca de 100 átomos de carbono para formar a dobra, segundo dados de difração de raios-X. Quando as cadeias não são muito grandes, é possível a obtenção de cristais regularmente constituídos, como ocorre nas micromoléculas; por exemplo, o icosano, com 20 átomos de carbono, é sólido e funde a 36^{0}C. Se a cadeia for maior, com cerca de 1000 átomos de carbono, o peso molecular atinge a ordem de 10^4; esta cadeia já permite *dobras* ("folds") e o material se apresenta com propriedades poliméricas.

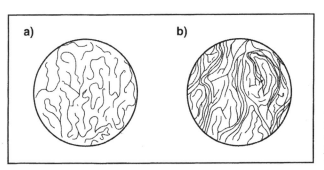

Figura 12 — *Estrutura macromolecular segundo o modelo da micela franjada (a) Polímero totalmente amorfo (b) Polímero parcialmente amorfo (parcialmente cristalino)*

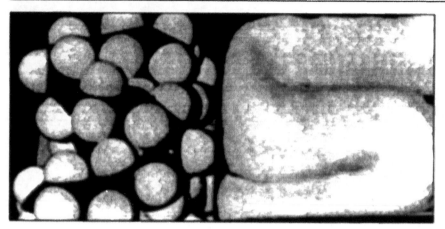

Figura 13 — *Estrutura macromolecular segundo o modelo da cadeia dobrada (a) Segmento do polímero representado com os modelos atômicos de Stuart (b) Segmento de polímero representado com um cordão dobrado*

Os segmentos da cadeia de carbono, além de dobras, regulares e compactas, mostram também defeitos. Estes podem ser inerentes à macromolécula, como ramificações, irregularidades de configuração, de encadeamento, etc. Podem também ser eventuais, como emaranhado de cadeias, segmentos interconectantes, alças frouxas, pontas de cadeia, denominadas cílios ("cilia"), etc. Além disso, podem ocorrer também defeitos de rede, devidos a deslocamentos de torção ou de translação, empilhamento desordenado, etc.

As regiões ordenadas constituem o *cristalito*, isto é, regiões ou volumes de matéria em que as unidades estruturais, sejam átomos, íons, meros ou moléculas, estão arranjadas em um sistema geométrico, regular. Os cristalitos se encontram dispersos em meio à matriz amorfa, que consiste de moléculas rejeitadas durante o processo de cristalização. Considerando um grau de complexidade maior, pode ocorrer a associação desses cristalitos, formando estruturas laminares denominadas *lamelas* ("lamellae").

Polímeros altamente cristalinos podem ser assemelhados a cristais de baixo peso molecular, apresentando uma fase cristalina simples, com alguns defeitos. Tais cristais imperfeitos são por alguns autores designados *paracristais* ("paracrystals"). Assim, um polímero de alta cristalinidade pode ser considerado um sistema heterogêneo, constituído de componentes de resistência, ou *reforço* (os cristalitos), dispersos em uma *matriz* (a fase amorfa). Consiste de um conjunto de regiões, ou domínios, interconectados; que podem ser quimicamente semelhantes, porém com morfologia diferente. A massa pode apresentar simultaneamente regiões cristalinas, paracristalinas e amorfas:

- Região cristalina, com cadeias regularmente dobradas e alto módulo;
- Região paracristalina, com cadeias dobradas defeituosas e baixo módulo;
- Região amorfa, com cadeias sem qualquer ordenação e baixo módulo.

Alguns autores preferem considerar a estrutura dos polímeros semi-cristalinos, ou mesmo dos polímeros cristalinos, segundo o modelo da micela franjada. Outros, conciliam divergências aceitando os dois pontos de vista, tratando polímeros altamente cristalinos como sistemas de uma só fase, e polímeros de baixa cristalinidade, como sistemas de duas fases.

Em ausência de solvente, o cristalito pode formar-se no seio da massa fundida, por resfriamento, a partir de um núcleo de cristalização, ou *germe* ("seed"). Nesse caso, o cristalito está totalmente cercado por outras macromoléculas, todas de mobilidade acentuada, devido à temperatura. Em torno de cada germe, pode ser iniciada a formação de cristalitos radiais. A estrutura terciária formada conterá cristalitos entremeados de massa amorfa, constituindo uma superestrutura de forma esferoidal, denominada *esferulito* ("spherulite"). Em outros casos, quando as condições de cristalização favoreçam o crescimento em uma direção axial, as formações ordenadas resultantes são denominadas *axialitos* ("axiallites"), e podem ser unidimensionais, do tipo bastão, ou bidimensionais, do tipo placa.

Assim, as possíveis estruturas ordenadas em um polímero de alta cristalinidade são:

- Monocristais, advindos de soluções muito diluídas do polímero,
- Esferulitos ou axialitos, super-estruturas formadas em meio à massa polimérica fundida.

Conforme já mencionado, a estrutura da macromolécula depende da composição química, da constituição dos grupamentos que se encadeiam e de seu número, e da configuração dos átomos de carbono presentes, que podem constituir centros quirais. Estes fatores determinam a possibilidade de ordenação das macromoléculas; entretanto, para que realmente ocorra a ordenação, há necessidade de temperatura ou solvente adequado, ou ambos. Deste modo, é favorecida a flexibilização das cadeias, e o segmento molecular pode assumir a conformação mais estável naquelas condições. Do grau de ordenação alcançado decorrerão as características mecânicas e térmicas dos polímeros, assim como a sua solubilidade.

A presença de certos grupamentos permite fortes interações intra- ou intermoleculares, geralmente do tipo *ligação hidrogênica* ("hydrogen bond") ou *ligação dipolo-dipolo* ("dipole-dipole bond"). Dependendo da intensidade dessas interações, a coesão molecular se intensifica e assim, aumenta a temperatura de fusão do material e a viscosidade das soluções poliméricas.

Bibliografia recomendada

- *R.B. Seymour & C.E. Carraher, Jr. — "Polymer Chemistry", Marcel Dekker, New York, 1988.*
- *R.B. Seymour & C.E. Carraher, Jr. — "Structure-Property Relationships in Polymer", Plenum, New York, 1988.*
- *J.E. Mark, A. Eisenberg, W.W. Graessler, L. Mandelkern & J.L. Koenig — "Physical Properties of Polymers", American Chemical Society, Washington, 1984.*
- *J.M. Schultz — "Treatise on Materials", Academic Press, New York, 1977.*
- *A.D. Jenkins — "Polymer Science", North Holland, London, 1972.*
- *E.B. Mano — "Polímeros como Materiais de Engenharia", Edgard Blücher, São Paulo, 1991.*

PROCESSOS DE PREPARAÇÃO DE POLÍMEROS

Os processos de preparação de polímeros apresentam uma série de características distintas, das quais as principais são:
- Tipo de reação
- Mecanismo da reação
- Velocidade de crescimento da cadeia
- Formação de subprodutos micromoleculares.

Quanto ao *tipo de reação*, a polimerização pode envolver reações de adição, ou *poliadições* ("polyadditions") e reações de condensação, ou *policondensações* ("polycondensations"). Os polímeros de adição em geral têm a cadeia regularmente constituída por apenas átomos de carbono, ligados covalentemente; por exemplo, polietileno, poliestireno, poli(metacrilato de metila). Os polímeros de condensação apresentam em sua cadeia principal não apenas átomos de carbono, mas também átomos de outros elementos, como oxigênio, nitrogênio, enxofre, fósforo, etc; por exemplo, poli(tereftalato de etileno). Entretanto, quando o monômero é um aldeído ou uma lactama, a poliadição ocorre respectivamente através da carbonila ou pela abertura do anel lactâmico, resultando a presença de heteroátomos na cadeia principal; por exemplo, polioximetileno e policaprolactama. Há ainda outros casos em que as características de ambos os tipos de reação estão associados; por exemplo, na formação de poliuretanos.

Considerando o *mecanismo* envolvido no processo, a poliadição é uma *reação em cadeia* ("chain reaction"), apresentando três diferentes componentes reacionais: a *iniciação* ("initiation"), a *propagação* ("propagation") e a *terminação* ("termination"), todos com velocidade e mecanismo diferentes. A policondensação é uma *reação em etapas* ("step reaction"), em que não há distinção reacional entre o início da formação do polímero e o crescimento macromolecular, ou a interrupção deste crescimento.

Em relação ao *crescimento da macromolécula*, na poliadição, uma vez iniciada a cadeia, o crescimento é muito rápido, com alto grau de polimerização obtido logo no início do processo, mesmo com pouca *conversão* ("conversion"), isto é, a formação de produtos pelo consumo dos monômeros; o termo *rendimento* ("yield") é aplicável à formação de determinado produto, por exemplo, polímero de composição e peso molecular específicos. O peso molecular resultante em poliadições é usualmente da ordem de 10^5. Na policondensação, a conversão de monômero em produtos é alta, porém o crescimento da cadeia polimérica é vagaroso, estatístico, e a cadeia somente alcança peso molecular elevado após o tempo suficiente para a intercondensação dos segmentos menores (dímeros, trímeros tetrâmeros, oligômeros) formados. O peso molecular resultante é comumente da ordem de 10^4, isto é, uma ordem de grandeza abaixo do peso molecular obtido nas poliadições.

Quanto à formação de *sub-produtos* ("by products"), na poliadição as espécies que reagem têm *centros ativos* (active centers), que podem ser *radicais livres* ("free radicals"), *íons* ("ions") ou sítios de formação de *complexos de coordenação* ("coordination complexes"). Os centros ativos acarretam um crescimento rápido e diferenciado, resultando desde o princípio cadeias de altos pesos moleculares, em mistura a moléculas de monômero não-reagido. Não há formação de subprodutos. Na policondensação, as reações são em geral *reversíveis* ("reversible") e o crescimento da cadeia depende da remoção dos subprodutos, que são micromoléculas, como H_2O, HCl, NH_3, etc. À medida que os segmentos moleculares vão sendo incorporados, o meio reacional se torna cada vez mais viscoso, o que dificulta ou mesmo impede a remoção desses subprodutos, e prejudica o deslocamento do equilíbrio reacional. Assim, o peso molecular atingido nas policondensações é usualmente uma ordem de grandeza menor do que nas poliadições.

No **Quadro 15** estão relacionadas as principais características dos processos de polimerização.

• *Poliadição*

O termo *poliadição* compreende 3 reações que ocorrem sucessiva ou simultaneamente: iniciação, propagação e terminação.

Quadro 15 — Características dos processos de polimerização		
Processo	Características	Exemplo
Poliadição	• Reação em cadeia, 3 componentes reacionais: iniciação, propagação e terminação	LDPE HDPE PP PS BR etc.
	• Mecanismos homolítico ou heterolítico ou por coordenação	
	• Não há sub-produtos da reação	
	• Velocidade de reação rápida, com formação imediata de polímeros	
	• Concentração de monômero diminui progressivamente	
	• Grau de polimerização alto, da ordem de 10^5	
Policondensação	• Reação em etapas	PET PA PC PR etc.
	• Mecanismo heterolítico	
	• Há sub-produtos da reação.	
	• Velocidade de reação lenta, sem formação imediata de polímero	
	• Concentração de monômero diminui rapidamente	
	• Grau de polimerização médio, da ordem de 10^4	

A *iniciação* se caracteriza pela formação de espécies químicas a partir do monômero, cuja estabilidade relativa as torna particularmente reativas à temperatura da polimerização. Essas espécies podem ser radicais livres, íons ou complexos de coordenação. Os polímeros formados poderão ser ou não *estereorregulares* ("stereoregular"). Na maioria dos casos, o átomo de carbono terminal da espécie iniciadora é um centro quiral; a *estereorregularidade* ("stereo-regularity") do polímero dependerá do tipo de iniciação.

A iniciação pode ser provocada por agentes físicos ou químicos. Dentre os agentes físicos, destacam-se as radiações eletromagnéticas de baixa energia (calor, radiações ultravioleta e microondas, "microwaves"), as radiações eletromagnéticas de alta energia (raios-γ e raios-X) e os elétrons (corrente elétrica). Dentre os agentes químicos, incluem-se percompostos (peróxidos, hidroperóxidos) e azoderivados (azonitrilas), ácidos de Lewis ($AlCl_3$, $FeBr_3$, BF_3, $TiCl_4$ e $SnCl_4$), bases de Lewis (Na, K, complexo sódio-naftaleno e reagentes de Grignard), e ainda os sistemas catalíticos de Ziegler-Natta ($TiCl_3$ / $AlEt_3$) e de Kaminsky (metil-aluminoxano / zirconoceno).

O **Quadro 16** mostra as faixas de comprimento de onda das radiações encontradas no espectro eletromagnético da luz solar. No **Quadro 17** são apresentadas resumidamente informações sobre os diferentes tipos de iniciação.

Na *iniciação radiante*, qualquer que seja a sua origem, o mecanismo é sempre do tipo homolítico, isto é, formam-se radicais livres de estabilidade variável, dependendo de sua estrutura química.

Na *iniciação térmica*, correspondente às radiações no infravermelho (0,8 nm—0,5 mm), ocorre a decomposição do monômero pelo calor, gerando radicais livres devido a colisões bimoleculares; forma-se um birradical dimérico, conforme mostrado na **Figura 14**. A polimerização através de iniciação térmica não é em geral empregada industrialmente.

Quadro 16 — Principais regiões do espectro eletromagnético das radiações solares

Região do espectro eletromagnético		Comprimento de onda
Raios cósmicos		0,00005 nm
Raios-γ		0,001—0,14 nm
Raios-X		0,01—15 nm
Radiações no ultravioleta	Distante (no vácuo) Próximo (no ar)	15—200 nm 200—400 nm
Radiações no visível		400—800 nm
Radiações no infravermelho	Próximo Vibracional, rotacional Distante	0,8—2,5 mm 2,5—25 mm 0,025—0,5 mm
Microondas	Radar Calor	0,5—300 mm 10 mm
Ondas de rádio	Curtas (TV, Internet) Médias Longas	0,3—30 m 30—550 m Acima de 550 m

Quadro 17 — Tipos de iniciação na polimerização por adição

Iniciação	Iniciador	Fonte de energia	Espécie ativa
Física	Radiações de baixa energia	Calor, raios ultravioleta	Radicais livres
	Radiações de alta energia	Raios-γ, raios-X	Radicais livres
	Elétrons	Corrente elétrica	Radicais livres, íons, complexos
Química	Percompostos	Peróxidos, hidroperóxidos	Radicais livres
	Azoderivados	Azonitrilas	Radicais livres
	Ácidos de Lewis	Halogenetos de Al, Ti , Sn	Cátions
	Bases de Lewis	Metal-alquilas, reagentes de Grignard	Ânions
	Catalisadores de Ziegler-Natta	Halogenetos de metal de transição/organo-alumínios	Complexos catalíticos
	Catalisadores de Kaminsky	Metalocenos/alquil-aluminoxanos	Complexos catalíticos

Na *iniciação com radiações ultravioleta de baixa energia* cujo comprimento de onda seja suficientemente curto (15—400 nm), podem ser produzidos radicais livres diretamente na massa do monômero; forma-se um birradical monomérico, representado na **Figura 15**. Esse processo pode ser controlado com grande precisão pela intensidade dessas radiações.

Quando as *radiações eletromagnéticas são de alta energia*, como por exemplo raios-γ, de comprimento de onda na faixa de 0,001—0,14 nm, a fonte geralmente é o cobalto-60, que é um isótopo radioativo cuja meia-vida é de 5 anos, período considerado conveniente para a

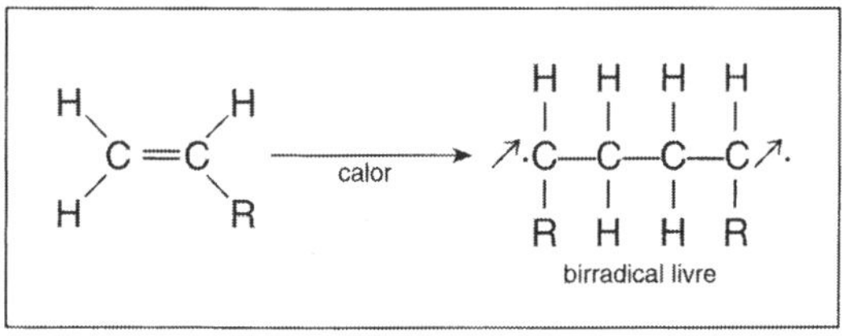

Figura 14 — Mecanismo de iniciação em poliadição através de calor

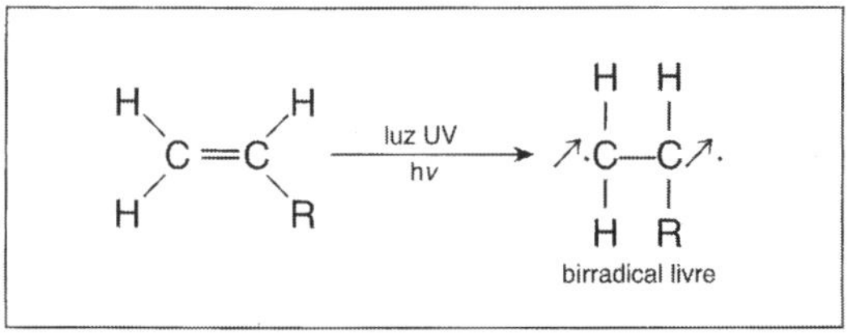

Figura 15 — Mecanismo de iniciação em poliadição através de radiação ultravioleta

utilização prática desta fonte de radiação. Não é processo de emprego industrial generalizado. No caso dos raios-X, mais ativos, de comprimento de onda no intervalo de 0,01—15 nm, a quantidade de energia fornecida à molécula é tal que pode provocar a sua destruição. Seu uso é limitado a casos especiais.

Os produtos obtidos por poliadição através de iniciação radiante são bastante puros, isentos de reagentes iniciadores, têm excelentes qualidades quanto às propriedades elétricas e óticas.

A *iniciação eletroquímica*, provocada pela passagem da corrente elétrica no meio contendo o monômero e um eletrólito, pode envolver a formação de radicais livres, cátions, ânions ou complexos; as espécies ativas, de vida muito curta, apresentam às vezes, temporariamente, intensas colorações, que são visíveis durante a polimerização. A polimerização eletro-iniciada ainda não é explorada em termos industriais, embora tenha como qualidade importante sua natureza não-poluente.

A *iniciação química* da poliadição é a mais comum. Pode também fornecer radicais livres, íons ou complexos de coordenação. Para que essas espécies ativas sejam eficientes como iniciadoras de poliadição, é essencial que apresentem estabilidade química adequada à temperatura da reação. A decomposição desses iniciadores pode também ocorrer por ação de radiação ultravioleta ou por oxirredução. A solubilidade do iniciador, no meio em que se processa a reação, é fundamental para a sua escolha. A quantidade de iniciador no meio reacional é geralmente de 0,5 a 1% em peso, em relação ao monômero.

Na *iniciação química através de radicais livres, por decomposição térmica* de peróxidos, hidroperóxidos, persais e azocompostos, ocorre a cisão homolítica de uma ligação covalente fraca na molécula do iniciador. A espécie ativa formada ataca imediatamente o monômero, gerando um radical livre que inicia a polimerização. Na **Figura 16** é mostrado o mecanismo da iniciação química via radicais livres, em que a decomposição do iniciador é térmica.

A *iniciação química através de radicais livres por reações de oxirredução* pode ser conseguida pela decomposição de peróxidos, hidroperóxidos, persais e azocompostos, a temperaturas mais baixas, minimizando a ocorrência de reações secundárias, indesejáveis. Como agentes redutores, são comumente usados sais ferrosos ou tiossulfato de potássio, convenientes em sistemas aquosos, emulsionados. Na **Figura 17** é mostrado o mecanismo da iniciação química via radicais livres, em que a decomposição do iniciador é feita através de reação de oxirredução.

Na *iniciação química iônica*, a cisão de uma ligação covalente no iniciador é heterolítica, promovida por cátions (iniciação catiônica) ou ânions (iniciação aniônica), através de carbocátions ou de carbânions, que também prontamente atacam o monômero.

Permitem as vantagens de baixas temperaturas, com altas velocidades de polimerização e poucas reações secundárias.

A *iniciação catiônica* se aplica geralmente a monômeros contendo insaturação entre átomos de carbono, nos quais os substituintes do grupamento etilênico são doadores de elétrons; por exemplo, éter metil-vinílico, isobutileno, a-metil-estireno, etc. Os sistemas iniciadores consistem de catalisadores do tipo Friedel-Crafts, isto é, halogenetos de Al, Fe, B, Ti, Sn, etc., que não são consumidos na reação, e co-catalisadores, isto é, muito pequenas quantidades de certas substâncias, como água, álcool, etc., os quais efetivamente participam da reação e dão origem à espécie ativa. O processo é realizado a temperaturas muito baixas, pois a reação pode tornar-se reversível, já à temperatura ambiente. Por exemplo, o poli-isobutileno pode ser obtido em alguns segundos, através de iniciação catiônica do isobutileno com o sistema BF_3 / H_2O (vestígios), a cerca de -100^0C. O mecanismo da iniciação catiônica é visto na **Figura 18**.

A *iniciação aniônica* é empregada para monômeros contendo insaturação entre átomos de carbono, nos quais os substituintes do grupamento etilênico são aceptores de elétrons; por

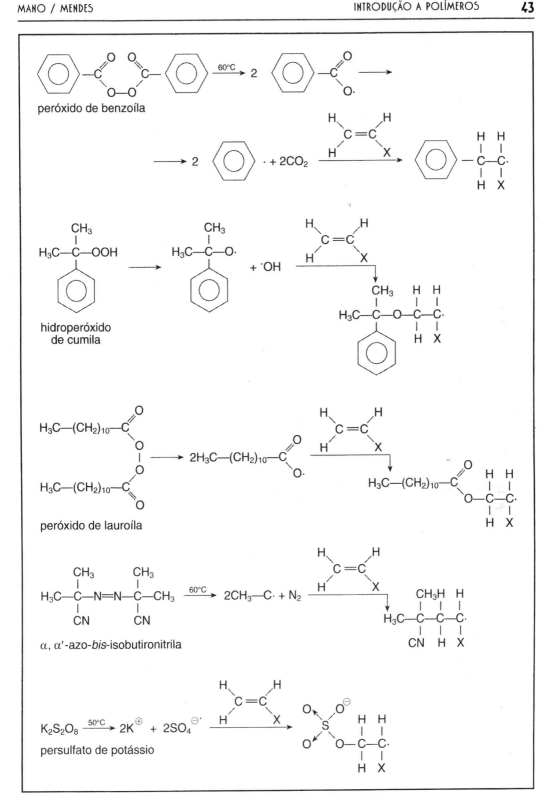

Figura 16 — *Mecanismo de iniciação em poliadição via radical livre, através de decomposição térmica do iniciador*

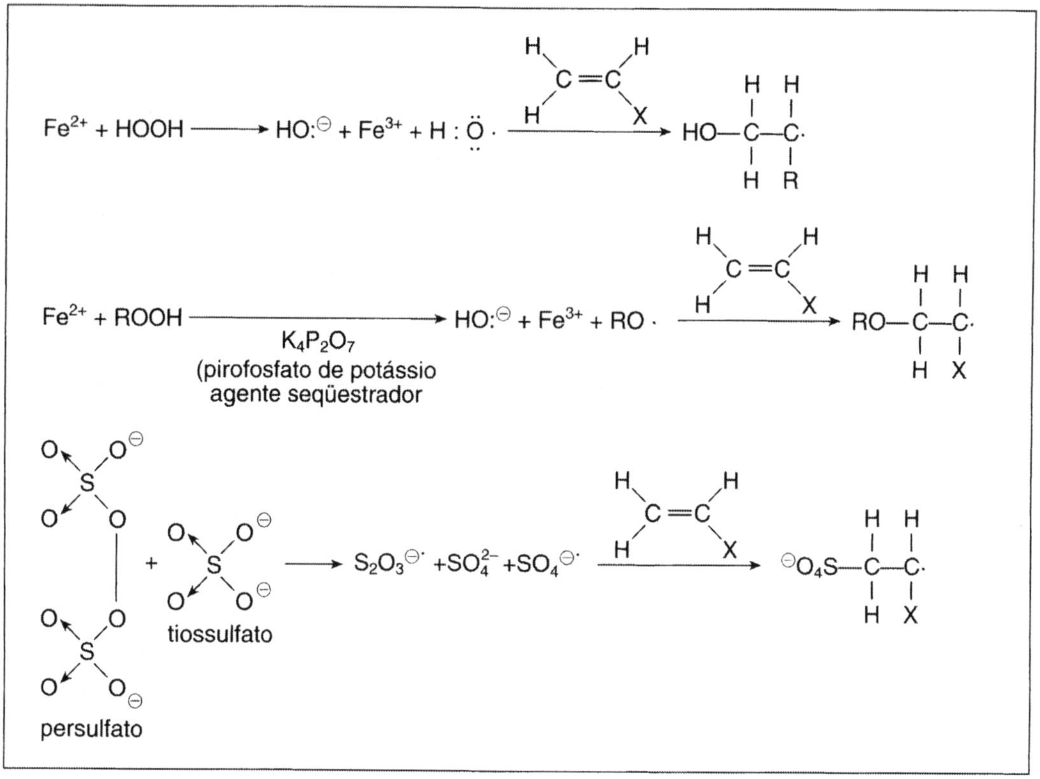

Figura 17 — *Mecanismo de iniciação em poliadição via radical livre, através de decomposição do iniciador por oxirredução*

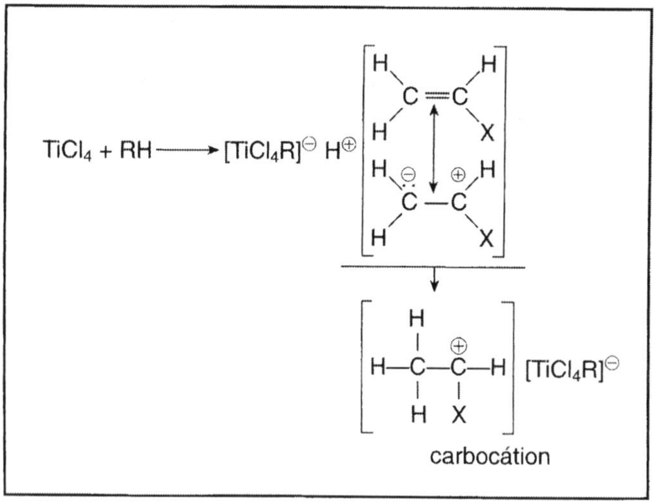

Figura 18 — *Mecanismo de iniciação em poliadição através de cátion*

exemplo, metacrilonitrila, metacrilato de metila, cianeto de vinilideno, butadieno, isopreno, etc. São iniciadores aniônicos usuais: os compostos organometálicos, como butil-lítio, trifenil-metil-sódio; o sistema complexo sódio/naftaleno, em meio de tetrahidrofurano; metais alcalinos como sódio, potássio, lítio, dissolvidos em amônia líquida; reagentes de Grignard, como o brometo de metil-magnésio em solução etérea; etc. Sua utilização industrial é limitada a certas polimerizações, como por exemplo a copolimerização em bloco do butadieno e estireno, para a produção de

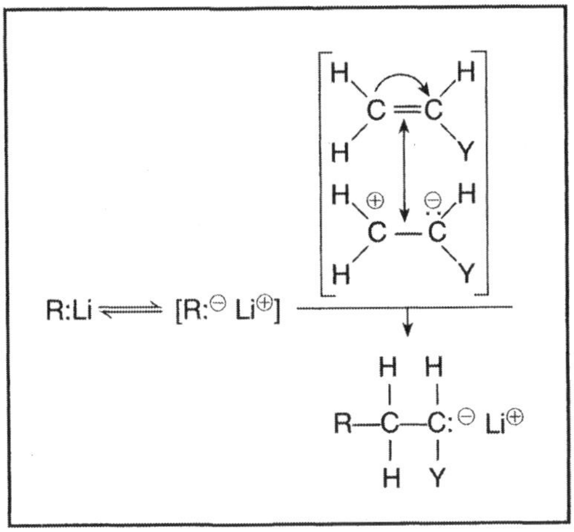

Figura 19 — *Mecanismo de iniciação em poliadição através de ânion*

borracha termoplástica, TPR ("thermoplastic rubber"). O mecanismo da iniciação é mostrado na **Figura 19**.

No caso de *sistemas catalíticos de coordenação,* que resultam da combinação de um reagente doador com um reagente aceptor de elétrons, não há cisão da espécie ativa, pois o complexo atua diretamente sobre o monômero na iniciação. Esses sistemas de coordenação são muito específicos e eficientes, sendo empregados na produção industrial de poliolefinas como o polietileno, o polipropileno, o polibutadieno, etc. Consistem de dois componentes: um catalisador, geralmente um halogeneto de metal de transição, como o Ti, e um co-catalisador, comumente um composto organo-metálico de Al.

Os principais sistemas catalíticos de coordenação são: Ziegler-Natta e, mais recentemente, Kaminsky. O sistema catalítico de coordenação de Ziegler-Natta foi o primeiro a ser desenvolvido, na década de 50. Um exemplo desse sistema é triisobutil alumínio / tetracloreto de titânio. Envolve a formação de um complexo entre o monômero e o titânio, em que a configuração do monômero é obrigatoriamente mantida. Esse processo em geral ocorre em meio reacional heterogêneo, onde o monômero gasoso passa, sob pressão, através da suspensão de partículas do sistema catalítico, sendo usados como solventes os hidrocarbonetos inertes, como o heptano, a temperaturas próximas da ambiente. Resultam polímeros estereorregulares, como o polipropileno isotático, PP, através de poliadição estereoespecífica. O sistema catalítico de Ziegler-Natta não pode ser usado com monômeros ou solventes polares, que reagem e causam a destruição do catalisador. As reações químicas que ocorrem no processo de iniciação empregando esse sistema, aceitas pela maioria dos autores, estão representadas na **Figura 20**.

O sistema catalítico de Kaminsky surgiu no começo da década de 80, e permite a obtenção de polímeros estereorregulares empregando sistema homogêneo, resultando alta estereo-especificidade e eficiência. Consiste de um catalisador, que é um metaloceno geralmente de Zr (zirconoceno), e um co-catalisador, usualmente o metil-aluminoxano, MAO. Como solvente, utiliza-se um hidrocarboneto líquido ou um gás liquefeito, empregando pressão de $10-70$ kg/cm^2 e temperatura de 60^0C. Resulta fina dispersão do polímero no meio reacional.

A *propagação,* que ocorre logo após a iniciação, é considerada a fase mais importante em uma polimerização. É muito rápida e nela ocorre o crescimento da cadeia, atingindo o peso molecular final, assim como o maior ou menor grau de regularidade estrutural da cadeia, e portanto também a polidispersão. O centro ativo, formado na fase de iniciação, se adiciona a uma molécula de monômero, gerando novo centro ativo na cadeia, maior, o qual imediatamente se adiciona a outra molécula de monômero, e assim sucessivamente, até ocorrer a terminação.

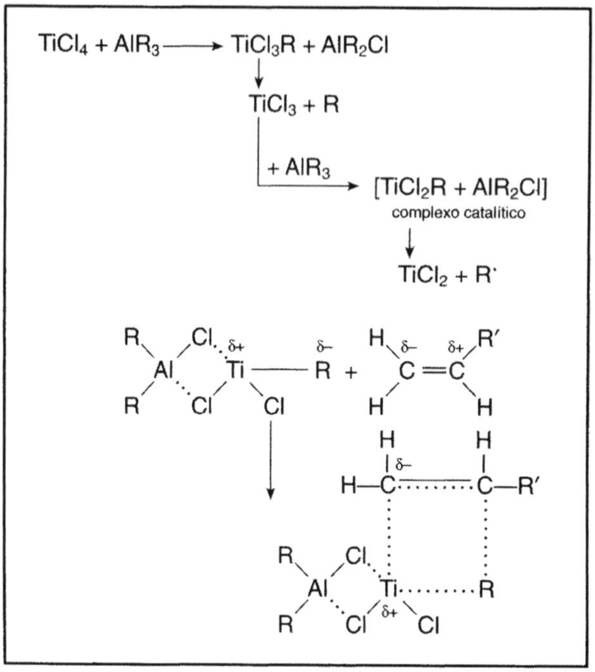

Figura 20 — Mecanismo de iniciação em poliadição através de sistema catalítico de Ziegler-Natta

$$TiCl_4 + AlR_3 \longrightarrow TiCl_3R + AlR_2Cl$$

$$TiCl_3 + R$$

$$+ AlR_3$$

$$[TiCl_2R + AlR_2Cl]$$

complexo catalítico

$$TiCl_2 + R^{\cdot}$$

Figura 20 — Mecanismo de iniciação em poliadição através de sistema catalítico de Ziegler-Natta

Nas polimerizações via radical livre ou iônicas, que não são estereoespecíficas, as unidades de monômero vão se dispondo na extremidade da cadeia em crescimento, onde se localiza o centro ativo. O crescimento da cadeia é semelhante ao crescimento de um galho de árvore, pela extremidade; as folhas novas formadas não têm forma exatamente idêntica às anteriores.

Nas polimerizações estereoespecíficas, cada nova unidade de monômero adicionada se interpõe entre a espécie com o centro ativo e a cadeia já formada, e assim se repetem sempre as condições em que a primeira molécula de monômero foi adicionada. Qualquer que seja a configuração, D ou L, do átomo de carbono quiral do sítio ativo, ao se adicionar cada molécula de monômero, será repetida a mesma configuração, pois as moléculas sofrerão a mesma influência, e o polímero formado resultará regular, isotático ou sindiotático. O crescimento da cadeia é semelhante ao de um fio de cabelo, pela raiz; a nova porção de cabelo formada é idêntica ao fio preexistente, bastante visível nos cabelos tingidos. As **Figuras 21**, **22** e **23** apresentam, respectivamente, a representação genérica dos mecanismos de propagação nas poliadições, que diferem conforme o tipo de iniciação. A **Figura 24** apresenta o mecanismo da propagação em poliadição iniciada através de sistema catalítico de Ziegler-Natta.

$$RM^{\cdot} \xrightarrow{+M} RMM^{\cdot} \xrightarrow{+M} RMMM^{\cdot} \xrightarrow{+M} \cdots$$

Figura 21 — Mecanismo de propagação em poliadição iniciada via radical livre

$$RM \oplus \xrightarrow{+M} RMM \oplus \xrightarrow{+M} RMMM \oplus \xrightarrow{+M} \cdots$$

Figura 22 — Mecanismo de propagação em poliadição iniciada através de cátion

$$RM{:}\ominus \xrightarrow{+M} RMM{:}\ominus \xrightarrow{+M} RMMM{:}\ominus \xrightarrow{+M} \cdots$$

Figura 23 — Mecanismo de propagação em poliadição iniciada através de ânion

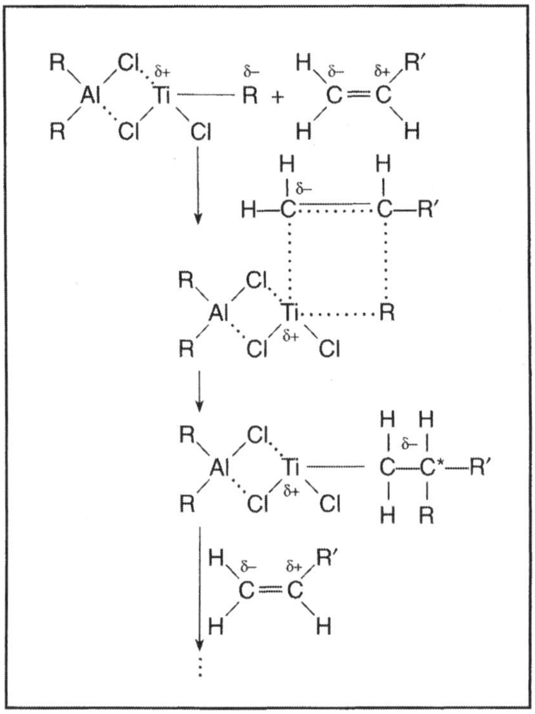

Figura 24 — *Mecanismo de propagação em polia-dição iniciada através de sistema catalítico de Ziegler-Natta*

A *terminação* é a fase final de crescimento de uma cadeia polimérica obtida através de reações de poliadição. A desativação da cadeia propagante, contendo o centro ativo, seja um radical livre, um íon ou um complexo, pode ser conseguida através de reações com espécies químicas ativas ou inertes, ocasionando o término do crescimento. Assim, para a obtenção de pesos moleculares elevados, é essencial que não haja excesso de centros ativos no meio reacional. Pode haver reação da cadeia em crescimento com as seguintes entidades químicas:

- Outra cadeia em crescimento: *combinação* ("coupling") *ou desproporcionamento* ("disproportionation")
- Um polímero inativo: *transferência de cadeia* ("chain transfer") ou *ramificação* ("branching")
- Outro radical livre ou íon: *combinação*
- Um monômero inativo, ou solvente, ou impureza: *transferência de cadeia*.

Quando a interrupção do crescimento é causada pela reação de dois centros ativos, o processo é chamado de *combinação*. Quando é causada pela transferência de um átomo de hidrogênio de uma para outra cadeia em crescimento, saturando-se uma extremidade e criando-se uma dupla ligação na extremidade da outra cadeia, o processo chama-se *desproporcionamento*. Quando o centro ativo passa para uma molécula de polímero inativa, o processo se denomina *transferência de cadeia*; o centro ativo pode ser gerado em qualquer ponto da molécula, porém, estatisticamente, isto ocorre ao longo da cadeia, gerando *ramificações*. Quando a interrupção do crescimento é causada pela reação com uma molécula inativa de monômero, ou solvente, ou impureza, os quais passam a radical livre, o processo é também chamado de transferência de cadeia. Nas **Figuras 25, 26, 27 e 28** estão representadas, respectivamente, os diferentes tipos de terminação da cadeia em crescimento.

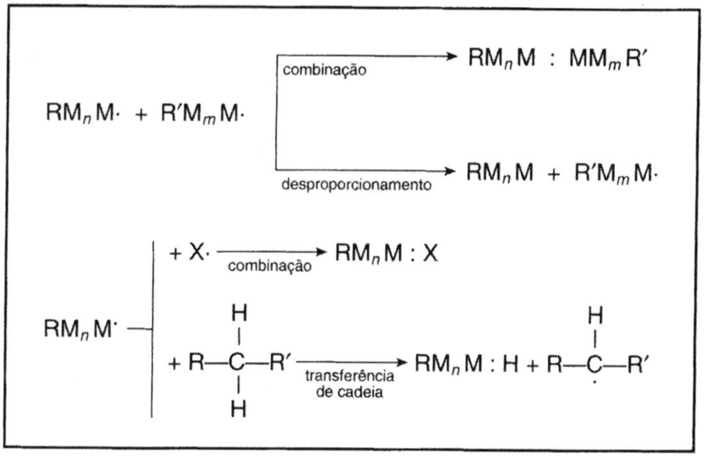

48 INTRODUÇÃO A POLÍMEROS

$$RM_n M \cdot + R'M_m M \cdot \xrightarrow{\substack{combinação}} RM_n M : MM_m R'$$

$$\xrightarrow{\substack{desproporcionamento}} RM_n M + R'M_m M \cdot$$

$$RM_n M \cdot \begin{cases} + X \cdot \xrightarrow{combinação} RM_n M : X \\[2em] + R\!-\!\overset{\overset{\displaystyle H}{|}}{\underset{\underset{\displaystyle H}{|}}{C}}\!-\!R' \xrightarrow[\text{de cadeia}]{\text{transferência}} RM_n M : H + R\!-\!\overset{\overset{\displaystyle H}{|}}{\underset{\underset{\displaystyle \cdot}{}}{C}}\!-\!R' \end{cases}$$

Figura 25 *— Mecanismo de terminação em poliadição iniciada via radical livre*

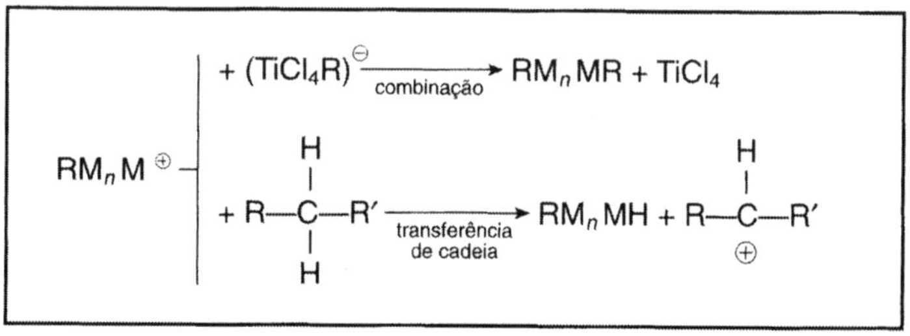

$$RM_n M^{\oplus} \begin{cases} + (TiCl_4 R)^{\ominus} \xrightarrow{combinação} RM_n MR + TiCl_4 \\[2em] + R\!-\!\overset{\overset{\displaystyle H}{|}}{\underset{\underset{\displaystyle H}{|}}{C}}\!-\!R' \xrightarrow[\text{de cadeia}]{\text{transferência}} RM_n MH + R\!-\!\overset{\overset{\displaystyle H}{|}}{\underset{\underset{\displaystyle \oplus}{}}{C}}\!-\!R' \end{cases}$$

Figura 26 *— Mecanismo de terminação em poliadição iniciada através de cátion*

$$RM_n M :^{\ominus} + HZ \xrightarrow[\text{de cadeia}]{\text{tranferência}} RM_n M : H + Z :^{\ominus}$$

Figura 27 *— Mecanismo de terminação em poliadição iniciada através de ânion*

Eliminação de hidreto:
$$Mt\!-\!CH_2\!-\!CH(CH_3)\!-\!P \xrightarrow{k_{t\beta-H}} Mt\!-\!H + CH_2\!=\!C(CH_3)\!-\!P$$

Eliminação de metila:
$$Mt\!-\!CH_2\!-\!CH(CH_3)\!-\!P \xrightarrow{K_{t\beta-Me}} Mt\!-\!CH_3 + CH_2\!=\!CH\!-\!P$$

Transferência com monômero:
$$Mt\!-\!CH_2\!-\!CH(CH_3)\!-\!P + CH_2\!=\!CH\!-\!CH_3 \xrightarrow{k_{tM}} Mt\!-\!CH_2\!-\!CH_2\!-\!CH_3 + CH_2\!=\!C(CH_3)\!-\!P$$

Transferência com co-catalisador:
$$Mt\!-\!CH_2\!-\!CH(CH_3)\!-\!P + AlR_3 \xrightarrow{k_{tMR}} Mt\!-\!R + R_2Al\!-\!CH_2\!-\!CH(CH_3)\!-\!P$$

Transferência com hidrogênio:
$$Mt\!-\!CH_2\!-\!CH(CH_3)\!-\!P + H_2 \xrightarrow{k_{tH_2}} Mt\!-\!H + CH_3\!-\!CH(CH_3)\!-\!P$$

Figura 28 *— Mecanismo de terminação em poliadição iniciada através de sistema catalítico de Ziegler-Natta*

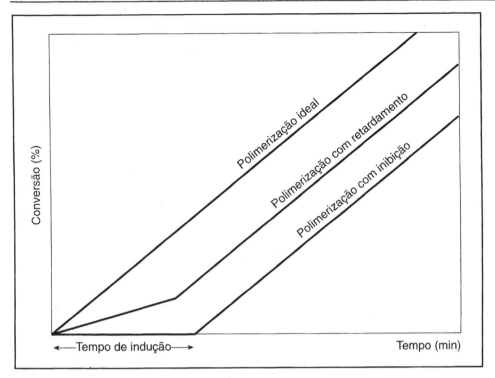

Figura 29 — *Inibição e retardamento em poliadição através de radical livre*

A polimerização por adição corresponde à maior parte da produção industrial de polímeros no mundo, composta principalmente de polietilenos e polipropileno, obtidos por mecanismo de coordenação. Entretanto, a maior diversidade de reações de poliadição industriais, como na fabricação de poliestireno, poli(acetato de vinila), poli(cloreto de vinila), poli(metacrilato de metila), etc., se refere a mecanismos via radical livre. Assim, é importante conhecer as reações que anulam ou retardam a velocidade das poliadições via radicais livres. São provocadas, respectivamente, pelos inibidores e retardadores de polimerização, que atuam através de reações em cadeia. A **Figura 29** mostra graficamente a diferença entre essas reações.

A inibição é caracterizada por um período de indução, durante o qual não há formação de polímero; após este período, a reação de polimerização se inicia e segue seu curso normal. Esse comportamento é às vezes observado em poliadições via radicais livres, devido à purificação inadequada dos monômeros ou à presença de oxigênio no ambiente reacional.

Os inibidores podem agir de diversos modos. Podem impedir completamente a polimerização, combinando-se com os centros ativos assim que se formam, desativando-os. Podem, ainda, atuar removendo traços de iniciadores e sendo gradualmente consumidos. Assim, no princípio do processo, não há formação de polímero durante um certo período.

Após o consumo do inibidor, começa a reação de poliadição normal. Nesses casos, o *período de indução* é proporcional à quantidade de inibidor inicialmente presente, e a velocidade de consumo do inibidor é independente de sua concentração, mas depende tão somente da velocidade de geração de radicais, quer sejam eles gerados pela ação de um iniciador, quer por um processo térmico que prossiga independentemente da presença do inibidor.

Os retardadores reagem de maneira diversa, competindo com o monômero pela reação com o centro ativo da cadeia em crescimento. Se a reação ocorre muito mais depressa do que, por exemplo, o processo normal de combinação, então este pode ser o mecanismo principal de terminação de cadeia. A velocidade do processo total é reduzida, e também o comprimento médio das cadeias, mantendo inalterada a velocidade de iniciação. Os verdadeiros retardadores somente interferem com o crescimento e a terminação das cadeias.

Industrialmente, é muito importante conhecer-se a ação dos inibidores e dos retardadores, pois sua presença é útil para a estabilização dos monômeros. O inibidor pode ser efetivo durante a armazenagem e a polimerização, ou somente durante a armazenagem, perdendo sua ação nas condições da polimerização.

Nesse caso, não é preciso removê-lo para se proceder à polimerização industrial. No primeiro caso, há necessidade de removê-lo por lavagem ou por destilação do monômero. Os principais inibidores são: hidroquinona, p-t-butil-catecol, cobre, enxofre, oxigênio, etc.

Certos materiais são adicionados à mistura reacional no fim da polimerização, para interrompê-la; são chamados *terminadores* ("shortstops"), e os mais importantes, no caso de poliadições via radicais livres, são a hidroquinona e os ditiocarbamatos alcalinos.

No caso especial da fabricação de elastômeros, para que o produto obtido seja um polímero solúvel, macio, trabalhável, ao invés de resistente, de peso molecular alto demais e difícil processamento no equipamento usual de borracha, torna-se necessário que se faça o controle do peso molecular pela adição de *modificadores* ("modifiers") ou *reguladores* de cadeia. Estes agem por transferência de cadeia, e os mais comumente empregado são: mercáptans, principalmente o dodecil-mercáptan ou lauril-mercáptan. No caso de iniciação com persulfato, o mercáptan também atua como agente redutor em oxirredução, na decomposição do iniciador.

• *Policondensação*

Ao contrário das poliadições, em que a quantidade de polímero produzida é imensa, correspondendo a quase a metade do total fabricado no mundo (denominados *polímeros de comodidade*, "commodities"), as policondensações envolvem quantidades muito menores de produtos. As reações de policondensação são importantes porque, além dos polímeros tradicionais, como resinas fenólicas, ureicas, melamínicas, epoxídicas, etc., permitem também a obtenção de polímeros bastante sofisticados (denominados *polímeros de especialidade*, "specialties"), que apresentam excepcional desempenho e que, por algum tempo, eram conhecidos como *novos materiais*.

Além disso, como os polímeros de condensação têm pesos moleculares menores do que os polímeros de adição, muitas vezes se torna necessária a chamada *cura* ("cure"), isto é, a reticulação do oligômero durante o processo de produção do artefato.

Nas polimerizações por condensação, confundem-se os três estágios de iniciação, propagação e terminação. As reações se processam semelhantemente ao que ocorre com as moléculas não-poliméricas.

Usualmente, as policondensações envolvem dois tipos de monômero, e a cadeia polimérica resultante correponderia a um copolímero. Por exemplo, poli(tereftalato de etileno). Quando se tem um monômero bifuncional, como por exemplo um hidroxiácido, aminoácido ou diácido, a cadeia polimérica poderia ser considerada como de um homopolímero. No entanto, nesses casos pode ocorrer competição entre a reação de polimerização e de ciclização; é preciso que a cadeia de carbonos entre os grupos funcionais seja suficientemente longa para desfavorecer a formação de compostos cíclicos, por lactonização, lactamização ou anidrização.

A quantidade relativa dos monômeros empregados nas policondensações determina os grupamentos terminais das moléculas em crescimento e, uma vez esgotado o outro monômero do meio reacional, cessa o crescimento da macromolécula.

Quando se empregam monômeros tendo mais de dois grupos funcionais, polímeros ramificados ou polímeros reticulados podem ser obtidos; a polimerização é mais complexa, pela formação de *gel* ("gel'), isto é, polímeros de peso molecular teoricamente infinito, ao lado de *sol* ("sol"), fração que permanece solúvel e pode ser extraída da mistura reacional. À medida que o sol vai se transformando em gel, a mistura torna-se cada vez mais viscosa, até consistência de massa elástica e, finalmente, rígida.

A funcionalidade dos monômeros irá determinar a possibilidade de ligações cruzadas, isto é, a formação de polímero termorrígido. Por exemplo, a policondensação de um diácido com um diálcool dará origem a um termoplástico; mas, se for introduzida na reação certa proporção de um tri-álcool, já então poderá haver reação fora das extremidades da cadeia, e será obtido um produto termorrígido. Analogamente, se um diácido apresentar insaturação, como o ácido fumárico, após a sua policondensação com um diálcool como o glicol etilênico, é possível obter estruturas termorrígidas, pela adição de um monômero olefínico, como o estireno, em condições adequadas.

Cuidados especiais na manufatura e no processamento de termorrígidos devem ser tomados, pois tais polímeros, uma vez enrijecidos, não podem mais ser amolecidos pela ação do calor, isto é, não podem mais ser moldados.

• *Modificação de polímeros*

É possível preparar polímeros modificados a partir de outros polímeros. A modificação de polímeros naturais, que já teve bastante importância industrial em meados do século XX, era usual a partir de celulose, através de esterificação, eterificação e hidrólise, ou de borracha natural, através de isomerização, ciclização, halogenação e hidrohalogenação.

As estruturas poliméricas formadas por organismos vivos são suscetíveis de fácil cisão de sua cadeia principal, a qual dispõe de sítios sensíveis à ação degradativa de enzimas. Dessa maneira, será assegurada a fragmentação natural da macromolécula. Por exemplo, os polissacarídeos de origem natural, que mesmo quimicamente modificados, são biodegradáveis, e desta maneira não têm permanência prolongada indesejável em artefatos descartados.

Os produtos e subprodutos industriais de todos os tipos, inclusive poliméricos, precisarão retornar ao ciclo da Natureza. A modificação química de polímeros provenientes de fontes agrícolas, como celulose, amido, borracha, etc., e de fontes biotecnológicas, que produzem, por exemplo, polissacarídeos de origem microbiana, deverá adquirir importância industrial crescente, competindo no mercado com polímeros sintéticos, de difícil reintegração ambiental. Aliás, os resíduos de embalagens plásticas sintéticas são responsáveis pela onda crescente de poluição, originada do lixo urbano.

Bibliografia recomendada

- G. Odian — *"Principles of Polymerization", John Wiley, New York, 1991.*
- H.F. Mark, N.M. Bikales, C.O. Overberger & G. Menges — *"Classification of Polymerization Reactions", "Encyclopedia of Polymer Science and Engineering", V.3, John Wiley, New York, 1985, pág. 549-551.*
- P.C. Hiemenz — *"Polymer Chemistry", Marcel Dekker, New York, 1984.*
- F.W. Billmeyer, Jr. — *"Textbook of Polymer Science", John Wiley, Singapore, 1984.*

TÉCNICAS EMPREGADAS EM POLIMERIZAÇÃO

A preparação de quaisquer compostos químicos, inclusive os polímeros, requer uma série de condições, que varia caso a caso, para que se atinjam rendimentos satisfatórios dos produtos desejados, com o mínimo de sub-produtos. Tanto em laboratório quanto na indústria, é necessário conhecer as características físicas e químicas do material, qualquer que seja, para poder avaliar qual a rota sintética e as condições experimentais mais convenientes. Isso é particularmente importante no caso de polímeros, cujas exigências em trabalho experimental são muito diferentes daquelas de conhecimento geral para compostos não-poliméricos.

As principais técnicas empregadas em reações de polimerização podem ser distribuídas em dois grandes grupos: *sistemas homogêneos* e *sistemas heterogêneos*. Essa divisão reflete condições operacionais bem distintas, tanto a nível de laboratório quanto em escala industrial. As técnicas de polimerização empregando sistemas homogêneos são: *polimerização em massa* ("bulk polymerization") e *polimerização em solução* ("solution polymerization"). As técnicas em sistemas heterogêneos são: *polimerização em lama* ("slurry polymerization"), *polimerização em emulsão* (emulsion polymerization), *polimerização em suspensão* (suspension polymerization), *polimerização interfacial* ("interfacial polymerization") e *polimerização em fase gasosa* ("gas-phase polymerization").

Em todos os casos, é necessário que se observe a solubilidade do iniciador no sítio onde deverá ocorrer a reação de iniciação do polímero. Nas polimerizações em massa e em suspensão, o iniciador deve ser solúvel no monômero, isto é, organossolúvel. Nas polimerizações em emulsão ou em solução aquosas, o iniciador deve ser hidrossolúvel. Nas polimerizações em solução com solventes orgânicos, estes devem ser também solventes para o iniciador. Na polimerização interfacial não há iniciador, pois é ela geralmente empregada para policondensações. Nas polimerizações em fase gasosa, o sistema iniciador constitui parte integrante do leito fluidizado, e não há meio solvente.

Os **Quadros 18** e **19** apresentam em resumo as principais características das técnicas usadas na preparação de polímeros, em fase homogênea e em fase heterogênea, respectivamente.

• *Polimerização em massa*

A técnica de *polimerização em massa* emprega monômero e iniciador, sem qualquer diluente; a reação ocorre em meio homogêneo e não há formação de sub-produtos no meio reacional. Nos casos em que a iniciação é feita por agentes físicos (calor, radiações eletromagnéticas, etc.), tem-se apenas o monômero; nos demais casos, é preciso adicionar um agente químico (percomposto, azocomposto, ácido ou base de Lewis, etc.) para iniciar a polimerização.

Quadro 18 — Técnicas de polimerização em meio homogêneo		
Técnica de polimerização	Em massa	Em solução
Composição do meio reacional	• Monômero • Iniciador	• Monômero • Iniciador • Solvente
Exemplo	• PMMA, PU	• BR, PR
Vantagens	• Polímero com poucos contaminantes residuais • Polímero com excelentes qualidades óticas e elétricas • Facilidade e baixo custo de moldagem para poucas peças	• Facilidade de homogeneização • Facilidade de purificação do polímero
Desvantagens	• Exige monômero com alta reatividade • Facilidade de remoção de monômero e iniciador	• Reações lentas • Necessidade de soluções diluídas • Necessidade de remoção e recuperação de solvente e não-solvente • Grandes dimensões dos reatores • Baixo rendimento operacional

Como a reação de poliadição é fortemente exotérmica, a viscosidade do meio reacional cresce rapidamente, tornando cada vez mais difícil a acessibilidade do monômero aos centros ativos da cadeia em crescimento. Assim, há problemas para o controle da temperatura e para a uniformidade das condições de reação. Isso causa heterogeneidade no tamanho das macromoléculas formadas; o peso molecular do polímero pode atingir valores muito elevados, da ordem de 10^6, e se apresenta sempre com larga curva de distribuição. Ocorre formação de gel, isto é, polímero reticulado.

Essa técnica permite a obtenção de peças moldadas diretamente a partir do monômero, sem pressão, a temperaturas relativamente baixas, e os produtos apresentam excelentes qualidades óticas e elétricas. A dificuldade de remoção de vestígios de monômero e de iniciador é uma das desvantagens da polimerização em massa. Tem amplo emprego na fabricação industrial de placas de PMMA.

• Polimerização em solução

A técnica de *polimerização em solução* utiliza, além do monômero e do iniciador organossolúvel, um solvente que atua tanto sobre os reagentes quanto sobre o polímero; a reação se passa em meio homogêneo, sem a formação de sub-produtos. A iniciação é feita por agente químico (percomposto, azocomposto, etc.).

Quando comparada à polimerização em massa, a técnica em solução provoca o retardamento da reação devido ao efeito diluente do solvente; o controle de temperatura é favorecido, pois a viscosidade do meio reacional é relativamente baixa, e há uniformidade das condições de polimerização. O peso molecular pode atingir valores inferiores a 10^5, devido à

Quadro 19 — Técnicas de polimerização em meio heterogêneo

Técnica de polimerização	Em lama	Em emulsão
Composição do meio reacional	• Monômero • Iniciador • Solvente	• Monômero • Iniciador • Água • Emulsificante
Exemplo	• HDPE, PAN	• SBR, PVC
Vantagens	• Meio reacional pouco viscoso • Facilidade de homogeneização • Facilidade de separação do polímero	• Água como meio dispersante • Facilidade de homogeneização • Agitação moderada • Poucas reações laterais • Polímero de alto peso molecular
Desvantagens	• Depende do par monômero/solvente • Dificuldade de remoção do catalisador e do solvente residuais	• Necessidade de iniciador hidros-solúvel • Necessidade de coagulante para precipitar o polímero • Dificuldade de purificação do polímero

Quadro 19 — Técnicas de polimerização em meio heterogêneo (continuação)

Técnica de polimerização	Em suspensão	Interfacial
Composição do meio reacional	• Monômero • Iniciador • Água • Espessante	• Comonômeros • Solventes
Exemplo	• PS, PVC	• PA, PC
Vantagens	• Água como meio dispersante • Polímero de alto peso molecular • Facilidade de separação do polímero	• Reações instantâneas • Possibilidade de obtenção de filamentos
Desvantagens	• Necessidade de agitação contínua, regular e vigorosa • Dificuldade de remoção do monômero e do espessante residuais	• Comonômeros muito reativos • Dificuldade de purificação do polímero

ocorrência de reações de transferência de cadeia. Essa técnica é a mais adequada para trabalhos de pesquisa.

É convenientemente empregada quando o polímero se destina à utilização sob a forma de solução, como no caso de composições de revestimento (tintas, vernizes, etc.). A dificuldade de remoção e recuperação total do solvente da massa polimérica, a toxicidade e manuseio do solvente representam fatores limitativos do emprego industrial dessa técnica. O solvente da solução polimérica aplicada sobre o substrato deve ser progressivamente eliminado, com taxa

Quadro 19 — Técnicas de polimerização em meio heterogêneo (continuação)	
Técnica de polimerização	**Em fase gasosa**
Composição do meio reacional	• Monômero • Catalisador
Exemplo	• HDPE, PP
Vantagens	• Reações instantâneas • Polímero de alto peso molecular • Polímero já obtido em condições de comercialização
Desvantagens	• Monômero adequado • Restrição ao par monômero/ catalisador • Custo elevado

de evaporação controlada, uma vez que a presença de solvente residual pode provocar microfissuras no filme de polímero. É a técnica mais usada nas policondensações, embora também seja empregada em poliadições.

• *Polimerização em lama*

Quando o polímero formado é insolúvel no meio reacional, a polimerização em solução é denominada *polimerização em lama* ou *polimerização em solução com precipitação*; trata-se de reação em meio heterogêneo.

Há monômeros, como a acrilonitrila, que são solúveis em água, o que é muito conveniente para a fabricação industrial do polímero. No entanto, a poliacrilonitrila precipita no meio reacional à medida que vai sendo formada, resultando partículas brancas, irregulares, de agregados das macromoléculas. A remoção do polímero do meio aquoso é facilmente realizada pelos processos usuais de decantação, centrifugação ou filtração.

Da mesma forma, outros monômeros, como o etileno e o propileno, gasosos à temperatura ambiente, são solúveis em hidrocarbonetos alifáticos, como o heptano, porém os polímeros correspondentes são insolúveis nesses solventes. Assim, quando se procede à polimerização em presença de mínimas quantidades de sistemas catalíticos de coordenação, como o de Ziegler-Natta, resulta uma fina suspensão de polímero, contendo o catalisador, que também é insolúvel no meio reacional. A enorme quantidade de polietileno e de polipropileno, fabricada industrialmente com este sistema catalítico em todo o mundo, demonstra a importância da técnica de polimerização em lama.

A agitação do meio reacional deve garantir a dispersão adequada das partículas em suspensão, para obter reprodutibilidade das condições operacionais. Em certos casos, a dificuldade de remoção e recuperação total do solvente retido na massa polimérica, bem como o manuseio e a toxicidade do solvente, podem representar aspectos negativos do emprego dessa técnica, especialmente no caso de catalisadores metálicos.

• *Polimerização em emulsão*

A *polimerização em emulsão* utiliza, além do monômero, um iniciador hidrossolúvel, um solvente, geralmente água, e um emulsificante, por exemplo, estearato de sódio, os quais propiciam um meio adequado à formação de micelas; a reação se passa em meio heterogêneo. A iniciação é feita por agente químico (percomposto, azocomposto, etc.)

Além desses componentes, essenciais à polimerização em emulsão, é comum encontrar-se ainda uma série de outros produtos adicionados ao meio reacional: tamponadores de pH, colóides protetores, reguladores de tensão superficial, reguladores de polimerização (modificadores), ativadores (agentes de redução), etc., os quais caracterizam as diferentes tecnologias, principalmente dos grandes conglomerados industriais, multinacionais.

No caso da polimerização em emulsão, a velocidade da reação é tão alta quanto a conseguida na polimerização em massa. Os radicais livres se formam na fase aquosa e migram para a fase orgânica, onde a reação tem lugar. A agitação do sistema reacional não pode ser intensa, pois isto poderia acarretar a coagulação da emulsão; em laboratório, cerca de 50 rpm são adequadas. Em geral, a temperatura do processo não deve exceder 50—60ºC, o que permite o aquecimento com vapor ou mesmo água aquecida, e assim, fácilita o controle da temperatura.

O tamanho da partícula emulsionada varia entre 1nm a 1mm. Os pesos moleculares são elevados, da ordem de 10^5. Para a separação do polímero, é preciso proceder à coagulação do látex, geralmente feita através da adição de salmoura ácida.

Essa técnica é muito usada para poliadições, resultando um produto sob a forma de partículas muito pequenas. É preferida na fabricação de elastômeros, como SBR e NBR, ou de plastissóis, como no caso de PVC, ou ainda de polímeros já sob a forma emulsionada, para tintas e adesivos, como PVAc e PBA. Apresenta a dificuldade da completa remoção dos resíduos dos componentes do meio reacional, o que restringe a sua aplicação em áreas que necessitem de polímeros com elevada pureza.

Além da polimerização em emulsão clássica, do tipo óleo/água, em que a fase monomérica orgânica está dispersa na fase aquosa contendo o emulsificante, pode também ser utilizada a técnica envolvendo inversão de fase, do tipo água/óleo, para monômeros especiais.

• *Polimerização em suspensão*

A *polimerização em suspensão* emprega, além do monômero, um iniciador organossolúvel, um solvente, normalmente água, e um espessante (orgânico ou inorgânico), para manter a dispersão; a reação se passa em meio heterogêneo. A iniciação é feita por agente químico (percomposto, azocomposto, etc.). Além desses componentes, é comum encontrar-se ainda outros aditivos.

Essa técnica procura reunir as vantagens das técnicas em massa e em emulsão, porém sem as suas desvantagens. Corresponde a uma polimerização em massa, dentro de cada gotícula de monômero suspensa. Em geral, a temperatura do meio reacional não excede 70ºC. As dimensões das partículas dispersas devem estar na faixa de 1 a 10mm, o que exige agitação mecânica contínua, regular e vigorosa. Usam-se estabilizadores para evitar a coalescência das gotículas viscosas de monômero/polímero, antes que se complete a polimerização. A precipitação do polímero ocorre espontaneamente, ao interromper a agitação, depositando-se sob a forma de "pérolas" ou "contas".

A técnica em suspensão é muito usada para poliadições, resultando um polímero com tamanho de partícula superior àquele obtido por emulsão. É preferida na fabricação de polímeros industriais, como por exemplo PS, PVC, PMMA, etc.

• *Polimerização interfacial*

A *polimerização interfacial* é geralmente aplicada a policondensações e ocorre em meio heterogêneo. Exige pelo menos dois monômeros e é conduzida na interface de dois solventes, cada um contendo um dos monômeros. Para a aplicação dessa técnica, a reação deve ser rápida, como por exemplo a formação de poliuretanos a partir de reação entre diisocianatos e dióis. Outro exemplo é a reação de Schotten-Baumann, entre cloreto de carbonila e 4,4'-difenilolpropano (Bisfenol A), para a preparação de policarbonatos. Nesse caso, o meio reacional deve conter uma base, para reter o ácido clorídrico eliminado.

A renovação da interface onde ocorre a reação é feita seja por remoção lenta e contínua do polímero precipitado entre as duas camadas líquidas, seja por agitação, produzindo as gotículas dispersas em cuja superfície ocorre a reação de polimerização, seja formando um filamento.

• *Polimerização em fase gasosa*

Essa técnica de polimerização é a mais moderna e recente; é empregada para a poliadição de monômeros gasosos (etileno e propileno), com iniciadores de coordenação de muito alta eficiência (acima de 98%, sistemas catalíticos de Ziegler-Natta), mantidos sob a forma de partículas, em leito fluidizado, contínuo. Cada partícula de catalisador deve gerar uma partícula de polímero. Essa técnica é de alta sofisticação e restrita a algumas patentes, usadas na fabricação de HDPE e PP.

Bibliografia recomendada

* *V. Menikheim — "Polymerization Procedures", in H.F. Mark, N.M. Bikales, C.G. Overberger & G. Menges, "Encyclopedia of Polymer Science and Engineering", V.12, John Wiley, New York, 1988, pág. 504-541.*

* *M.R. Ort & O.D. Deix — "Polymerization Procedures Laboratory", in H.F. Mark, N.M. Bikales, C.G. Overberger & G. Menges, "Encyclopedia of Polymer Science and Engineering", V.12, John Wiley, New York, 1988, pág. 541-555.*

* *N.F. Brockmeier — Gas-Phase polymerization", in H.F. Mark, N.M. Bikales, C.G. Overberger and G. Menges, "Encyclopedia of Polymer Science and Engineering", V.7, John Wiley, New York, 1987, pág. 480-488.*

* *A.D. Jenkins — "Progress in Polymer Science", Pergamon, Oxford, 1970.*

AVALIAÇÃO DAS PROPRIEDADES DOS POLÍMEROS

Uma vez obtido um produto que se supõe ser polimérico, através de uma reação de poliadição ou de policondensação, é necessário separá-lo do meio reacional e confirmar sua natureza macromolecular. Suas características intrínsecas são determinadas através de análise em pequena amostra; a avaliação tecnológica exige maiores quantidades de material.

Nos **Capítulos 4, 5, 6 e 7** já foram discutidas as propriedades intrínsecas dos polímeros, as quais dependem da composição química, da constituição molecular, da configuração dos centros quirais da cadeia polimérica, do peso molecular e da polidispersão.

As propriedades tecnológicas dos polímeros, avaliadas em composições moldáveis de borrachas ou plásticos, ou em fibras, dependem da formulação e do processamento do material com que se fabricam os corpos de prova, que serão submetidos a ensaios específicos. A morfologia da massa moldada varia, para a mesma composição e equipamento, conforme a história térmica a que foi submetida, que afeta diretamente os resultados dos ensaios. Para a mesma composição moldável, essas variáveis determinam a transição entre o comportamento *dúctil* e o comportamento *frágil*, observados em muitos polímeros. Portanto, é de fundamental importância considerar sempre as condições de processamento usadas na moldagem das peças.

É importante distingüir o significado dos termos *composição* ("compound") e *compósito* ("composite"). O termo *composição* é amplo e geral, e se aplica a quaisquer misturas, poliméricas ou não. O termo *compósito* se refere a materiais heterogêneos, multifásicos, podendo ser ou não poliméricos, em que um dos componentes é descontínuo e dá a principal resistência ao esforço (*componente estrutural* ou *reforço*) e o outro componente é contínuo e representa o meio de transferência desse esforço (*componente matricial* ou *matriz*). Esses componentes não se dissolvem nem se descaracterizam completamente; apesar disso, atuam concertadamente, e as propriedades do conjunto são superiores às de cada componente individual, para uma determinada aplicação.

Quando se trata de mistura de polímeros, a massa pode se apresentar como um sistema homogêneo, unifásico, ou como um sistema heterogêneo, multifásico. Além dos fatores mencionados anteriormente, as propriedades dependem ainda da composição do sistema, da compatibilidade de seus ingredientes, do processamento a que foi submetido e da morfologia apresentada pelas fases.

Os artefatos de borracha e de plástico, as fibras, os adesivos, as tintas, os alimentos e os cosméticos são feitos a partir de uma composição que tem como componente principal um *polímero*, natural ou sintético. Nessas composições, são incorporados ao polímero (que é o *aglutinante*, "binder") determinados produtos em quantidades variáveis, conforme as características finais exigidas pelo mercado consumidor. Assim, é necessário proceder à escolha e à quantificação desses ingredientes, o que permite a diversificação de emprego do mesmo polímero para finalidades diferentes. Esse é o objetivo da *formulação,* que é atributo dos especialistas nas diferentes tecnologias.

Para preparar uma composição polimérica, o polímero e os ingredientes devem ser misturados em equipamento adequado, onde é feita a homogeneização da massa, à temperatura conveniente. A mistura, compactada ou não, é utilizada na moldagem do artefato de borracha ou de plástico. Em poucos casos, pode ser completamente dispensada a adição de ingredientes ao polímero. A avaliação tecnológica dos polímeros, tanto na condição individual quanto em composições moldáveis, pode ser feita através de suas propriedades físicas, especialmente mecânicas e térmicas.

Uma *composição moldável de borracha* é complexa. A massa é comumente designada *composição vulcanizável* e sempre contém, além do elastômero, alguns aditivos, em pequena quantidade; pode ainda conter outros ingredientes em quantidades muito maiores, sob a forma de carga e plastificante. Quando a composição vulcanizável não contém carga é chamada *goma pura* ("pure gum"). Os principais ingredientes são os seguintes:

- Agente de vulcanização;
- Acelerador;
- Ativador;
- Antioxidante;
- Carga (reforçadora ou inerte);
- Plastificante, etc.

As composições elastoméricas são preparadas em *misturadores abertos,* de cilindros, ou em *misturadores fechados,* do tipo Banbury. A massa homogeneizada, de aspecto córneo, denominada tecnicamente *massa crua* ("raw rubber"), é submetida à moldagem, sob calor e pressão. Nesse estágio ocorre a reação de vulcanização, passando o polímero do estado termoplástico ao estado termorrígido, ou vulcanizado. Nessa condição, o polímero, que era solúvel e fusível, passa a material insolúvel e infusível, pela reticulação molecular.

Uma *composição moldável de plástico* é comumente simples; no entanto, conforme o polímero, pode conter alguns dos seguintes ingredientes:

- Estabilizador;
- Plastificante;
- Carga;
- Corante e pigmento;
- Lubrificante;
- Catalisador;
- Agente de *cura*;
- Agente de esponjamento, etc.

Uma vez homogeneizada, a mistura do polímero com os ingredientes em misturadores de variados tipos, torna-se em geral necessário proceder à compactação do pó, o que é feito por extrusão seguida de corte, obtendo-se pequenos grânulos ("pellets"), regulares, cilíndricos ou poliédricos; estes é que são utilizados na moldagem dos artefatos ou dos corpos de prova para os ensaios físicos.

As *fibras,* devido ao tipo de equipamento em que são fabricadas, contêm essencialmente apenas o polímero; após a obtenção dos filamentos é que recebem eventual tratamento superficial. As formulações de fibras são mais simples; as formulações para tintas, adesivos, alimentos e cosméticos, muito mais complexas. Tratando-se de matéria para especialistas, fogem ao escopo deste livro, que é de caráter introdutório.

Da correta formulação de uma composição moldável dependerá não apenas o bom processamento da mistura, como também as propriedades do produto obtido.

Na avaliação das propriedades de um polímero é necessário considerar a fluência da massa, que envolve força e deformação ao longo do tempo, a uma dada temperatura. Assim, são exigidos alguns conhecimentos de caráter reológico.

De um modo geral, os materiais sólidos podem ser de imediato reconhecidos à temperatura ambiente pelas suas características de deformação antes da ruptura, através de sua duração (temporária ou permanente), grau (elevado ou baixo) e natureza (elástica ou plástica). O **Quadro 20** ilustra esses conceitos, pela apresentação de uma série de materiais bem conhecidos, poliméricos ou não, e suas características gerais reológicas, reconhecíveis de imediato pela tenacidade, fragilidade ou aspecto borrachoso, quantificadas de forma simples, vaga, tal como deverá ser a apreciação por uma pessoa sem formação especializada. Em alguns casos, a natureza da deformação é mais complexa e envolve parcialmente as alternativas consideradas.

A *elasticidade* ("elasticity") é uma característica encontrada em todos os materiais sob deformação, seja por tração ou por compressão. É um fenômeno complexo e deve ser abordado sob vários aspectos. A elasticidade depende da natureza química, da temperatura e da velocidade de deformação. O termo *elasticidade* é ambíguo, e tem significados variáveis, conforme se aplique a materiais *macios* ("soft"), *borrachosos* ("rubbery"), ou a materiais *duros* ("hard"),

Quadro 20 — Características reológicas gerais de alguns materiais de uso comum

Material	Características reológicas						Observação
	Deformação predominante						
	Duração		Grau		Natureza		
	Temporária	Permanente	Elevado	Baixo	Elástica	Plástica	
Aço	+	−	−	+	+	−	Dúctil
Madeira	−	+	−	+	+	−	Dúctil
Vidro	+	−	−	+	+	−	Frágil
Cerâmica	+	−	−	+	+	−	Frágil
NR(crua)	−	+	−	+	+	+	Borrachoso
NR(vulc.)	+	−	+	−	+	−	Borrachoso
LDPE	−	+	+	−	+	+	Borrachoso
PP	−	+	+	−	+	+	Dúctil
PS	−	+	−	+	+	+	Frágil
PMMA	−	+	−	+	+	+	Dúctil
PET	−	+	+	−	+	+	Dúctil
PR(retic.)	+	−	−	+	+	−	Dúctil

rígidos ("stiff"). Isso é particularmente evidenciado quando se considera a diferença entre os módulos de elasticidade (*módulo de Young*) da borracha natural vulcanizada, tipo goma pura, que é de 0,2 kgf/mm^2, e do aço, que é 20.000 kgf/mm^2 - uma variação de 100.000 vezes.

A deformação dos materiais apresenta aspectos curiosos, decorrentes do seu caráter ser predominantemente *elástico* ou *plástico*, ou *misto*. A deformação elástica, que é reversível, pode se apresentar sob 2 formas diferentes: a *deformação elástica em faixa estreita* e a *deformação elástica em faixa larga*. A deformação plástica é irreversível.

A *deformação elástica em faixa estreita* (cerca de 0,1%) é reversível e ocorre com alto módulo. Envolve o afastamento ou a aproximação entre os átomos, além da deformação dos ângulos das ligações químicas. Um exemplo típico é o aço. A deformação elástica é uma alteração não-permanente, que pode ser assimilada ao comportamento de uma mola de aço quando submetida à tração; após a retirada instantânea da força, a deformação é totalmente recuperada. Esse tipo de deformação obedece à *Lei de Hooke*, isto é, a deformação é proporcional à força aplicada. Na região elástica, a curva de tração—deformação se apresenta como uma linha reta cuja inclinação, isto é, seu coeficiente angular, é o *módulo de elasticidade* ou *módulo de Young* do material. Esse tipo de elasticidade é apenas ligeiramente afetado pela temperatura. Nos polímeros, esse tipo de deformação é mais evidente quando estes materiais são altamente cristalinos, ou estão abaixo da temperatura de transição vítrea, T_g, ou ainda, quando estão reticulados.

A *deformação elástica em faixa larga* (até cerca de 1.000%), é também reversível, porém ocorre com baixo módulo. Depende da configuração molecular do material. Diferente do comportamento das micromoléculas, os polímeros possuem longas cadeias, que favorecem o embaraçamento. Pela aplicação de forças de tração pequenas, ocorre inicialmente o desembaraçamento das macromoléculas, que passam então realmente a reagir à ação da força. Nessa fase, em função da geometria dos segmentos repetidos da cadeia polimérica, a deformação pode ser totalmente recuperada. Um exemplo típico é a borracha natural vulcanizada, isto é, ligeiramente reticulada

A deformação elástica em faixa estreita é um componente de deformação de qualquer material polimérico, embora esteja freqüentemente mascarada pelo efeito da deformação elástica em faixa larga. É parcialmente responsável pelo comportamento de fios têxteis, principalmente quanto ao vinco, e à secagem sem amarrotamento ("smooth-drying") dos artigos têxteis.

A influência do tempo é particularmente importante na deformação elástica em faixa larga e na subseqüente recuperação do material, não sendo ações simultâneas. Assim, dependem do tempo: são ações defasadas. Essa defasagem provoca a *histerese* ("hysteresis"), isto é, a perda de energia durante um dado ciclo de deformação, causada pelo escoamento das moléculas, seguida de recuperação. O calor gerado numa sucessão de ciclos de deformação e recuperação ("heat build up"), devido à conversão da energia de histerese em energia térmica, pode ser medido através do aumento de temperatura no corpo de prova.

A deformação *plástica, não-elástica*, ou *viscosa* é a deformação permanente e irrecuperável, que ocorre após a aplicação de uma força sobre um material, e depende do tempo decorrido. É acompanhada pelo deslocamento permanente dos átomos das moléculas. Ocorre por deslizamento das cadeias, quando uma força é aplicada a um polímero não-reticulado. *Deformação lenta sob carga* ("creep"), *escoamento ao próprio peso* ("cold flow") e *relaxação de tensão* ("stress relaxation") são fenômenos associados ao comportamento reológico, isto é, a fase viscosa do polímero sofre deformação irrecuperável, em ausência de fase elástica.

A possibilidade de deformação plástica é normalmente prejudicial em produtos acabados e pode torná-los inadequados para aplicações que envolvam a ação de forças fracas ou moderadas, por períodos de tempo prolongados, particularmente a elevadas temperaturas. O fenômeno é de grande importância no processamento de polímeros, no estiramento de fibras ou filmes e na moldagem de plásticos e borrachas.

Considerando agora um material no estado líquido, em solução ou fundido, os fenômenos envolvidos são diferentes. Quando a deformação ocorre, as partículas mudam de lugar umas em relação às outras, tratando-se de átomos isolados, íons, micromoléculas, cristais ou macromoléculas, dependendo das interações entre elas. Conforme o comportamento observado, os fluidos podem ser distribuídos em dois grandes grupos: *fluidos newtonianos* ("Newtonian fluids") e *fluidos não-newtonianos* ("non-Newtonian fluids").

Os *fluidos newtonianos*, que constituem o caso mais geral, mostram a velocidade de deformação diretamente proporcional à tensão de cisalhamento. Exemplo: água, álcoois, etc. Nos sólidos ideais, que obedecem à Lei de Hooke, a relação entre a tensão aplicada e a deformação sofrida pelo material é o *módulo elástico* ("elastic modulus"). Similarmente, nos líquidos ideais, que obedecem à *Lei de Newton*, a razão entre a tensão aplicada e a velocidade de deformação é a *viscosidade*.

Nos *fluidos não-newtonianos*, a velocidade de deformação não é diretamente proporcional à tensão de cisalhamento e é dependente do tempo. Esses fluidos podem ser classificados em 3 tipos: *pseudoplásticos* ("pseudoplastic"), *dilatantes* ("dilatant") e *fluidos de Bingham* ("Bingham fluids").

Os *fluidos pseudoplásticos*, ou *tixotrópicos* ("thixotropic"), quando submetidos a uma lenta deformação, mostram de início comportamento newtoniano; a partir de uma dada velocidade de deformação, exibem uma tendência à diminuição de viscosidade. Exemplos: polímeros no estado fundido como LDPE, HDPE, PP, PMMA, PS, soluções aquosas de polímeros como CMC, PAM, etc.

Os *fluidos dilatantes*, ou *reópticos* ("rheoptic"), são pouco comuns; quando submetidos a uma lenta deformação, mostram inicialmente comportamento newtoniano; entretanto, a partir de uma certa velocidade de deformação, revelam uma tendência ao aumento de viscosidade. Exemplo: suspensões de dióxido de titânio em soluções aquosas de sacarose, suspensões de amido em mistura glicol etilênicol/água, etc.

Os *fluidos de Bingham* somente são deformáveis a partir de uma tensão de cisalhamento crítica; quando ultrapassada, comportam-se como fluidos newtonianos. Exemplo: tintas em geral.

Qualquer que seja o tipo de polímero e conforme a finalidade a que se destina o artefato, é importante que se faça a avaliação de suas propriedades, sendo as mais importantes: resistência mecânica (tração, compressão, flexão, impacto, penetração, etc.), resistência térmica e resistência química. Para fins especiais, são também necessárias boas características óticas e elétricas. Portanto, é necessário que se proceda à preparação de corpos de prova, que serão submetidos aos ensaios selecionados. De posse dos resultados, o especialista poderá julgar se são satisfatórios ou indicará as modificações que deverão ser feitas na formulação, para que o produto atenda às especificações do cliente.

No **Quadro 21** foram reunidas informações condensadas sobre as propriedades típicas mais importantes de alguns polímeros industriais, visando facilitar a comparação entre eles e estimular a busca das correlações entre suas estruturas químicas e suas propriedades.

Quando a massa quente e viscosa de um polímero fundido é deixada resfriar sem interferência de forças externas, há primeiro a formação de cristalitos, em maior ou menor grau, dependendo da estrutura do polímero.

Invertendo o processo, ao elevar-se progressivamente a temperatura da massa polimérica resfriada, passa-se primeiro por uma transição de pseudo-segunda ordem, chamada *temperatura*

Quadro 21 — Propriedades típicas de alguns polímeros industriais									
Polímero	Transição térmica (^{0}C)		Propriedades típicas						Aplicação típica
	Vítrea (T_g)	Fusão (T_m)	Transpa-rência	Rigidez	Resistên-cia à tração (MPa)*	Alonga-mento (%)	Módulo de Young (MPa)*	
LDPE	−30	120	Translú-cido	Dúctil	16	650	250	Sacos
PP	4–12	165	Opaco	Rígido	55	160	1.210	Frascos
PS	100	235	Transpa-rente	Rígido	23	3	3.100	Utensílios
PMMA	105	160	Transpa-rente	Rígido	31	6	3.000	Painéis
PC	150	268	Transpa-rente	Rígido	47	80	2.500	Janelas
PA-6	50	215	Opaco	Rígido	39	250	2.500	Têxteis
NR	−72	28	Translú-cido	Elástico	16	800	70	Luvas

* Para transformar MPa em kgf / cm^2, multiplicar por 10.

de transição vítrea, T_g ("glass transition temperature"), a partir da qual as regiões amorfas readquirem progressivamente a sua mobilidade. Prosseguindo com o aquecimento, passa-se por uma transição de primeira ordem denominada *temperatura de fusão cristalina*, T_m ("melt temperature"). Acima dessa temperatura, o polímero estará no estado viscoso, adequado para a moldagem de artefatos.

Na ausência de forças externas, os cristalitos tendem a se formar ao acaso. Não há direção preferencial ao longo da qual os cristalitos se disponham. Porém, se um polímero não-orientado, cristalino, é submetido a um esforço de tração, a sua fração cristalina sofre um rearranjo. Mudanças nos espectros de difração de raios-X indicam que os cristalitos tornam-se orientados, com as cadeias poliméricas alinhadas segundo uma direção preferencial relativamente à força aplicada; ao mesmo tempo, a resistência mecânica na direção da força aumenta bastante. Esse processo, denominado *orientação* ("orientation") das cadeias, tem aplicação industrial na fabricação de fibras e de filmes poliméricos. No caso de fibras, a orientação é sempre unidirecional; no caso de filmes, pode ser tanto unidirecional quanto bidirecional.

Quando a orientação é feita em ausência de solventes e abaixo da T_m, porém acima da T_g, o corpo de prova torna-se subitamente mais estreito em um ponto, como se fosse um estrangulamento ("necking down").

Continuando a tração, o segmento estirado aumenta em comprimento às custas da porção não-estirada, sendo que os diâmetros das partes estirada e não-estirada muitas vezes se mantêm praticamente constantes durante todo o processo.

De um modo geral, nos processos industriais, a razão do comprimento da fibra estirada em relação à não-estirada é de 4—5/1. Durante o estiramento, as dobras das cadeia são progressivamente afrouxadas e desmanchadas, passando à forma de *cadeias estendidas* ("extended chains"), que se alinham segundo a direção da força de tração. Nessa direção, a resistência mecânica do material se torna muito maior; por outro lado, a resistência na direção perpendicular à força de tração será muito menor.

A orientação é facilmente observável à *luz polarizada* ("polarized light")em peças transparentes, incolores ou levemente coloridas, obtidas por injeção, devido à *birrefringência* ("birefrigence"), que aparece visualmente como uma irização e indica a heterogeneidade das fases orientadas.

Em geral, o grau de cristalinidade não muda durante o estiramento; se a cristalização tiver sido bem conduzida antes, somente o arranjo dos cristalitos muda. No entanto, se a porção não estirada era amorfa ou mal cristalizada, após a tração, que é chamada *estiramento a frio* ("cold drawing"), provavelmente ocorrerá um aumento da cristalinidade nos polímeros. Mesmo em polímeros que não cristalizam, como o poliestireno, há considerável orientação molecular após o estiramento, a temperaturas próximas e superiores à T_g.

Quanto maior for a cristalinidade, maiores serão a densidade, a rigidez e as resistências mecânica, térmica e químicas do polímero, e menor será a sua transparência. Como ilustração, em polietilenos de alta densidade, a estrutura cristalina pode representar até 3/4 de seu peso. As regiões não-cristalinas do polímero contribuem para reduzir a dureza e aumentar a flexibilidade, de modo que um balanço adequado dessas características permite uma larga faixa de aplicações práticas.

A solubilidade dos polímeros decorre da possibilidade de haver interações com moléculas de solvente, causando assim a dispersão das macromoléculas. Se existem grupos funcionais que permitam a formação de ligações hidrogênicas ou interações dipolo—dipolo, intramolecular ou intermolecular, a massa polimérica se torna mais coesa. A resistência dessas forças é denominada *densidade de energia coesiva* ("cohesive energy density", CED") que, nas soluções poliméricas, é a energia molar de vaporização por unidade de volume. Como as atrações intermoleculares e intramoleculares entre o solvente e o soluto devem ser superadas para que haja dissolução, os valores de densidade de energia coesiva podem ser usados para predizer a solubilidade.

Bibliografia recomendada

- *W.D. Callister, Jr., — "Materials Science and Engineering: An Introduction", John Wiley, New York, 1994.*

- *J.M.G. Cowie — "Polymers: Chemistry and Physics of Modern Materials", Blackie Academic, Glasgow, 1991.*

- *N.P. Cheremisinoff — "Product Design and Testing of Polymeric Materials", Marcel Dekker, New York, 1990.*

- *D.W. Van Krevelen — "Properties of Polymer", Elsevier, Amsterdam, 1990.*

- *R.B. Seymour & C.E. Carraher, Jr. — "Structure-Property Relationships in Polymers", Plenum, N.Y., 1984.*

- *A.Y. Malkin, A.A. Askadsky, V.V. Kovriga & A.E. Chalykh — "Experimental Methods of Polymer Physics", Prentice-Hall, New Jersey, 1983.*

- *S. Turner — "Mechanical Testing of Plastics", Longman, Essex, 1983.*

- *E.B. Mano — "Polímeros como Materiais de Engenharia", Edgard Blücher, São Paulo, 1991.*

PROCESSO DE TRANSFORMAÇÃO DE COMPOSIÇÕES MOLDÁVEIS EM ARTEFATOS DE BORRACHA, DE PLÁSTICO, E FIBRAS

As composições moldáveis empregadas para a fabricação de artefatos de borracha e de plástico, ou de fibras, têm como ingrediente principal um polímero. É necessário que a composição moldável passe por um estado fluido, conseguido com ou sem aquecimento, com ou sem pressão, ou ainda através da adição de um líquido, para que possa assumir a forma desejada. O especialista precisa escolher, dentre uma série de processamentos, aquele que é o mais adequado às características que o artefato deve apresentar. Para isso, é essencial que se observe a natureza termoplástica ou termorrígida do polímero.

No caso dos termoplásticos, os resíduos de moldagem, isto é, as *rebarbas*, podem ser fragmentados e reutilizados, em substituição parcial ou total ao polímero virgem. Esse procedimento, conhecido como *reciclagem primária*, pode ser adotado pelo próprio fabricante do artefato ou através da venda a terceiros. É importante não apenas do ponto de vista econômico, mas também quanto à proteção ambiental. *Reciclagem secundária* se refere a refugo pós-consumido, descartado.

No caso dos termorrígidos, as rebarbas não podem substituir o polímero virgem e ser moldadas para a mesma finalidade; o seu reaproveitamento exige operações adicionais de tratamento, visando outras aplicações. Por exemplo, como carga de enchimento, em formulações adequadas, ou como matéria-prima em *reciclagem terciária,* para submeter a processos químicos.

Os principais processos de transformação das composições moldáveis em artefatos de borracha ou de plástico, ou em fibras são apresentados no **Quadro 22**. De um modo geral, esses processos podem ser divididos em 2 grandes grupos, conforme a fluidez da massa seja obtida por aquecimento ou apenas pela adição de um líquido. Os processos de moldagem com aquecimento podem ainda ser sub-divididos, conforme exijam ou não a utilização de pressão. Na classificação apresentada, não é considerada a pressão de bombeamento, comumente usada no processamento industrial.

Os processos de moldagem *com aquecimento* e *sem pressão* incluem o *vazamento* ("casting"), que pode gerar produto acabado (manufaturado) ou semi-acabado (semi-manufaturado), e a *fiação por fusão* ("melt spinning"), que resulta em semi-acabado. Aqueles *com aquecimento e com pressão* são os mais importantes do ponto de vista industrial. Abrangem a *compressão* ("compression molding") e a *injeção* ("injection molding"), que permitem a obtenção direta do artefato, e ainda a *calandragem* ("calendering") e a *extrusão* ("extrusion"), que possibilitam a preparação de peças contínuas, semi-manufaturadas; finalmente, o *sopro* ("blow molding") e a *termoformação* ("thermoforming"), que têm como ponto de partida os produtos semi-

Quadro 22 — Processos de transformação de composições moldáveis em artefatos de borracha e de plástico, e fibras

Processo	Características			Produto	Figura (n.º)
	Calor	Pressão	Dispersante		
Vazamento	+	−	−	Acabado ou semi-acabado	30
Fiação por fusão	+	−	−	Semi-acabado	31
Compressão	+	+	−	Acabado	32
Injeção	+	+	−	Acabado	33
Calandragem	+	+	−	Semi-acabado	34
Extrusão	+	+	−	Semi-acabado	35
Sopro	+	+	−	Acabado	36
Termoformação	+	+	−	Acabado	37
Fiação seca	−	−	+	Semi-acabado	38
Fiação úmida	−	−	+	Semi-acabado	39
Imersão	−	−	+	Acabado	40

manufaturados, como lâminas, filmes, placas, tubos, etc., normalmente provenientes dos processos de calandragem e extrusão.

Os processos de moldagem *sem aquecimento* e *sem pressão* são a *fiação, seca* ("dry spinning") ou *úmida* ("wet spinning"), que conduzem a produto semi-manufaturado, e a *imersão* ("dipping"), que resulta em produto acabado.

Os processos menos comuns de obtenção de produtos de plástico ou de borracha, ou combinação de procedimentos levando a operações mais complexas ou mais sofisticadas, não são abordados neste livro. Por motivos didáticos, os processos de transformação estão representados esquematicamente nas **Figuras 30** a **40**, em desenhos bem simples, a fim de focalizar apenas o fundamento do processo de moldagem, dentro do objetivo visado, de introdução ao assunto.

Além dos processos mencionados, são ainda de importância na indústria procedimentos diversificados, visando o acabamento do artefato. Por exemplo, na confecção de uma bola de PVC plastificado, após a fabricação por vazamento rotacional, é preciso proceder ao acabamento pelo jateamento de tintas coloridas sobre a superfície da bola. As regiões do artefato que não devem receber tinta são recobertas por uma máscara, que deixa abertos os espaços que devem receber a cor, o escudo de um clube, suas iniciais, etc. O procedimento é repetido com as máscaras adequadas, para que o desenho sobre a superfície da bola adquira o aspecto desejado no produto final.

• *Vazamento*

O *vazamento* é o processo de moldagem descontínuo mais simples (**Figura 30**), aplicável tanto para polímeros termoplásticos quanto para termorrígidos. Consiste em verter, isto é, vazar no molde a composição moldável do polímero, sob a forma de uma solução viscosa de mistura do polímero com o seu monômero (exemplo: placas de PMMA), ou de mistura de monômeros e reagentes (exemplo: blocos de PU), da qual vai resultar o polímero.

Figura 30 — *Representação esquemática da moldagem através de vazamento*

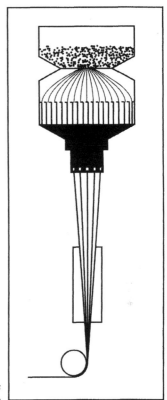

Figura 31 — *Representação esquemática da moldagem através de fiação por fusão*

Nos casos em que as peças são ocas e devam ter espessura uniforme, o material viscoso é submetido a movimentação dentro dos moldes, em máquinas próprias, e o processo é chamado *rotacional* ("rotational") (exemplo: bolas de PVC).

Um caso particular do processo de vazamento é o *espalhamento* ("spreading") de camada viscosa de material polimérico sobre lâmina de borracha, plástico, ou sobre tecido; esta camada tem espessura regulada por uma lâmina e solidifica por resfriamento, ou sofre reação de vulcanização, ou cura, por aquecimento (exemplo: toalhas de mesa impermeáveis).

• *Fiação por fusão*

A fiação por fusão (**Figura 31**), que é processo contínuo, é aplicável a polímeros termoplásticos de difícil solubilidade e alta resistência ao calor, e permite a obtenção de fibras. Através da passagem do polímero fundido por uma placa contendo orifícios (*fieira*, "spinneret"), formam-se filamentos viscosos que se solidificam por resfriamento e são continuamente enrolados em bobinas. Como exemplo pode-se citar fibras de poliamida e de poli(tereftalato de etileno).

A variação de velocidade de enrolamento permite controlar o estiramento a frio do fio, que é feito nas proximidades e acima da temperatura de transição vítrea do polímero, mesmo quando não é realmente baixa a temperatura utilizada. Por exemplo, nas fibras de PET, cuja T_g é 70°C, o estiramento é feito a cerca de 80°C. Em geral, a transformação do polímero em filamento já é feita na própria fábrica, na fase final do processo de fabricação. A transformação do filamento em fibras é obtida através de procedimentos mecânicos, em máquinas têxteis.

• Compressão

A Figura 32 mostra a representação esquemática deste processo de moldagem descontínuo, que se aplica comumente a materiais termorrígidos. Consiste em comprimir o material, amolecido ou fundido por aquecimento, dentro da cavidade do molde, cujo desenho deve prover dispositivos para a retirada de rebarbas e para a ejeção da peça, enquanto o molde ainda está aquecido. É o processo empregado para a fabricação de produtos elastoméricos, como pneumáticos e solados de borracha, peças imitando louça, feitas com MR, e placas laminadas de papel e PR, etc. É importante observar que a superfície da peça moldada irá reproduzir as condições de polimento do molde, cuja manipulação deve ser feita com muito cuidado.

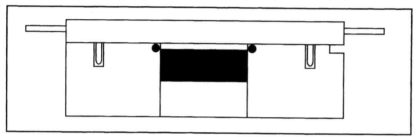

Figura 32 — *Representação esquemática da moldagem através de compressão*

• Injeção

A moldagem por injeção (**Figura 33**) é o mais comum dos processos empregados na fabricação de termoplásticos. Consiste em introduzir em molde a composição moldável fundida em um cilindro aquecido, por intermédio da pressão de um êmbolo.

As máquinas injetoras geralmente dispõem de uma câmara cilíndrica preliminar, aquecida, dotada de parafuso sem fim, que funciona como plastificador e homogeneizador da massa polimérica antes que seja admitida à seção onde será transmitida aos canais de injeção do molde. A refrigeração do material é feita dentro do molde, de forma a permitir a sua solidificação e a remoção do artefato sem deformação.

O processo de injeção é descontínuo, aplicável a termoplásticos, muito comum na obtenção de pequenas peças em curtos ciclos de moldagem. Exemplo: utensílios domésticos, brinquedos, bijuterias, pré-formas para moldagem por sopro, etc. Um dos inconvenientes da moldagem por injeção é a grande quantidade de material descartado após a retirada da peça injetada, sob a forma de galhos e varas por onde havia passado o plástico fundido. Esses resíduos, após a fragmentação em moinhos apropriados, são normalmente reutilizados. Esse inconveniente é eliminado com a utilização de moldes com canal quente, que são empregados somente em casos especiais.

Uma aplicação moderna da injeção é a técnica de *moldagem por injeção reativa*, ("reaction injection molding", RIM), empregada por exemplo para a moldagem de artefatos de PU e de peças especiais de PR.

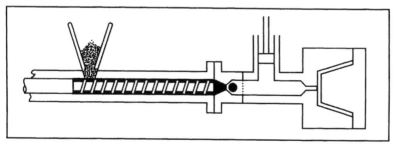

Figura 33 — *Representação esquemática da moldagem através de injeção*

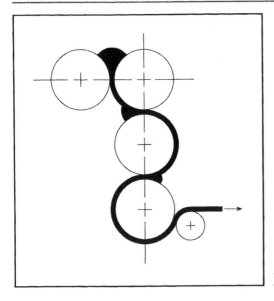

Figura 34 — Representação esquemática da moldagem através de calandragem

• *Calandragem*

O processo de calandragem (**Figura 34**) permite a obtenção contínua de lâminas e lençóis plásticos, cuja espessura deve ser continuamente mantida regular; a composição polimérica moldável passa entre rolos superpostos, sucessivos, interligados geralmente na forma de "L", "T", ou "Z". Devido às características do equipamento e às exigências de mercado dos filmes produzidos, esse processo é em geral empregado na produção em larga escala de materiais termoplásticos (exemplo: cortinas de PVC para banheiro, passadeiras, etc.). Pode também ser utilizado para a fabricação de materiais termorrígidos, desde que a composição moldável seja devidamente formulada para evitar pré-vulcanização ("scorch"). Exemplo: esteiras transportadoras, pisos anti-derrapantes.

O processo de calandragem está geralmente associado ao emprego de máquinas com grandes dimensões e elevado volume de produção, o que exige amplas áreas para armazenamento das bobinas dos produtos calandrados. Esse conjunto de características indica empresas de médio e grande porte. É importante não confundir o equipamento destinado à calandragem, isto é, a *calandra* ("calender"), com o equipamento empregado para mistura, isto é, o *misturador* ("roll mill").

Em ambos os casos, trata-se de um conjunto de cilindros, porém sua apresentação visual é diferente. Em geral, a calandra tem os cilindros dispostos verticalmente, enquanto que o misturador tem os rolos fixados hori-zontalmente. Aliás, o misturador precisa ter rotações diferentes em cada cilindro, a fim de provocar o cisalhamento da massa. Se a velocidade dos cilindros é igual, o equipamento passa a funcionar como *laminador*.

• *Extrusão*

A moldagem de peças extrusadas é processo contínuo, representado esquematicamente na **Figura 35**. Consiste em fazer passar a massa polimérica moldável através de matriz com o perfil desejado; por resfriamento em água, a peça extrusada vai solidificando progressivamente. O extrusado pode ser enrolado em bobinas, cortado em peças de dimensões especificadas, ou cortado em grânulos regulares, com uma faca rotativa. O processo permite a fabricação contínua de tarugos, tubos, lâminas ou filmes, isto é, produtos que apresentam perfil definido. O processo de extrusão é aplicável a termoplásticos (exemplo: tubos de PVC) ou termorrígidos (exemplo: pisos e gaxetas de borracha), desde que a formulação da massa a extrusar seja adequada.

O processo de extrusão permite o revestimento de fios metálicos, a formação de camadas sobrepostas para a obtenção de laminados, a produção de filmes, planos ou inflados, a preparação de pré-formas ("parison") para moldagem por sopro, etc.

O processo de extrusão é muito versátil. O material extrusado, contínuo, pode ser gerado através de uma fenda plana, simples ou múltipla; neste caso, o processo se denomina co-extrusão ("coextrusion"). Conforme a espesssura, o produto extrusado é classificado como filme, folha ou placa. Quando a fenda é circular, formam-se tarugos, bastões ou cordões. Se a fenda for anular, simples ou múltipla, com orifícios circulares concêntricos, são gerados tubos de espessura variada, mantidos ocos ao longo do processo de extrusão pela insuflação de ar pelo centro da matriz. A embalagem moderna de pastas dentrifícias multicoloridas é um exemplo de extrusão múltipla da pasta.

Além disso, a extrusora pode também funcionar como câmara de mistura ou de homogeneização para a preparação de composições poliméricas moldáveis. A extrusora pode ainda atuar como câmara de reação (*extrusão reativa*, "reactive extrusion"), modificando a estrutura do polímero e ampliando suas possibilidades de aplicação.

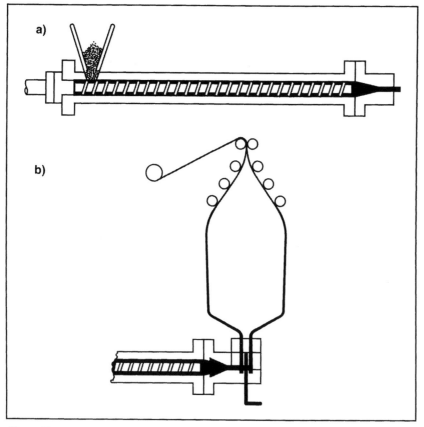

Figura 35 — Representação esquemática da moldagem através de extrusão (a) Extrusão simples (b) Extrusão de filme inflado

• Sopro

A moldagem por sopro (**Figura 36**) é processo descontínuo, adequado para a obtenção de peças ocas, através da insuflação de ar no interior de uma *pré-forma* ("parison"), inserida no interior do molde. No caso mais comum, a pré-forma é um segmento de tubo recém-extrusado; no caso de frascos ou garrafas que exijam maior resistência mecânica, a pré-forma é uma peça injetada, com formato adequado.

O processo de moldagem por sopro é aplicável a materiais termoplásticos e é amplamente usado na indústria de embalagens dos mais variados tipos (exemplo: frascos para usos diversificados, garrafas plásticas para refrigerantes, brinquedos volumosos).

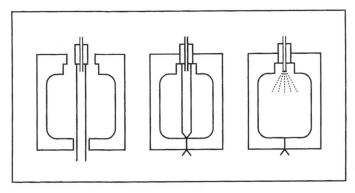

Figura 36 — Representação esquemática da moldagem através de sopro

• Termoformação

Este processo de moldagem descontínuo, representado na **Figura 37**, utiliza o aquecimento de folhas ou placas plásticas, geralmente de PS, PMMA ou PC, pela sua aproximação a um conjunto de resistências elétricas, até seu amolecimento.

A folha aquecida é imediatamente aplicada sobre um molde maciço contendo perfurações, apoiado sobre uma base no interior da qual se aplica vácuo. Conforme o grau de complexidade em detalhes da superfície da peça a ser moldada, pode-se ainda sobrepor pressão à folha. O

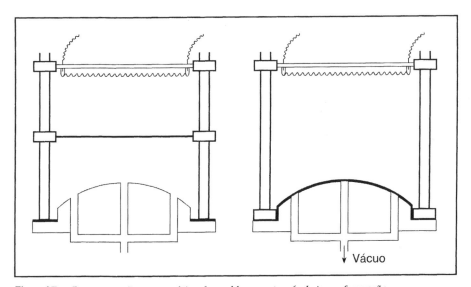

Figura 37 — Representação esquemática da moldagem através de termoformação

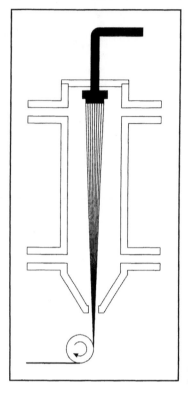

Figura 38 — Representação esquemática da moldagem através de fiação seca

processo emprega moldes de baixo custo, sendo utilizado na fabricação de protótipos industriais, peças de grandes dimensões e artefatos descartáveis, sem exigências especiais de acabamento. Por exemplo, copos, pratos, bandejas para lanchonetes, letreiros em relevo, luminárias, revestimentos para interiores de geladeira, etc.

A termoformação é mais comumente designada por *moldagem a vácuo*, ("vacuum forming"). É de técnica muito simples, adaptável à fabricação, no momento, de painéis com relevo de pouca profundidade, destinados a fins promocionais ou decorativos.

Os moldes podem ser confeccionados com gesso, madeira, metal, etc, pois serão submetidos a pressões baixas e instantâneas durante a preparação da peça. Os orifícios através dos quais será aplicado o vácuo devem ser distribuídos adequadamente, de modo a permitir uma boa cópia da superfície do molde na placa polimérica aquecida.

• *Fiação seca*

A fiação seca se refere especificamente a soluções em solventes não-aquosos, e está representada na **Figura 38**.

É processo aplicável para a obtenção de fibras de polímeros pouco resistentes ao calor, porém sensíveis a solventes aquecidos. A solução deve ser altamente viscosa e é passada através dos orifícios da fieira; os filamentos formados se solidificam pela evaporação do solvente, dentro de uma câmara adequada à sua recuperação. É essencial impedir a coalescência dos filamentos, muito pegajosos quando ainda no estado viscoso. Em seguida, os filamentos são enrolados em bobinas para os procedimentos mecânicos subseqüentes, tal como no processo de fiação por fusão, já descrito. É especialmente importante o estiramento a frio, para propiciar o alinhamento das macromoléculas e, assim, o aumento da resistência mecânica da fibra. Exemplo: fibras de PAN e de CAc.

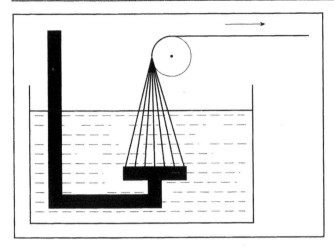

Figura 39 — Representação esquemática da moldagem através de fiação úmida

• Fiação úmida

A fiação úmida está esquematizada na **Figura 39**. Possibilita a obtenção de fibras a partir de polímeros termorrígidos físicos, isto é, infusíveis porém solúveis, embora de difícil dissolução.

Baseia-se na modificação química do polímero, passando-o à condição de solúvel em água e formando soluções muito viscosas, capazes de formar filamentos contínuos pela imersão em banhos de composição adequada, onde é recomposto o polímero original. Esses filamentos são agora suscetíveis de tratamento mecânico para constituir fibras industriais de características apropriadas.

No caso mais comum, a fiação úmida é usada para obter fibras de celulose de alta qualidade têxtil a partir de celulose de qualquer origem, pela transformação em sal de sódio de xantato de celulose, que é solúvel em água. Após passar a massa viscosa pela fieira, a celulose regenerada é precipitada em banho aquoso de pH levemente ácido. Assim são obtidas as fibras de raion viscose.

• Imersão

Este processo de moldagem, visualizado na **Figura 40**, permite a obtenção de peças ocas por imersão do molde em solução viscosa, seguida de remoção do solvente, ou em emulsão do polímero, seguida de coagulação. A espessura do artefato é determinada pelo número de vezes que se repete o procedimento. Balões de aniversário, luvas de borracha ou de PVC são artefatos obtidos pelo processo de imersão. Esse processo tem as restrições impostas pelas características de elasticidade do material e pela forma "removível" do artefato, que se consolida sobreposto ao molde.

Para facilitar a remoção da peça sem dano, o molde deve estar devidamente revestido de um agente desmoldante, em geral à base de silicone. No caso de emulsões elastoméricas, é empregado nesse revestimento um agente coagulante.

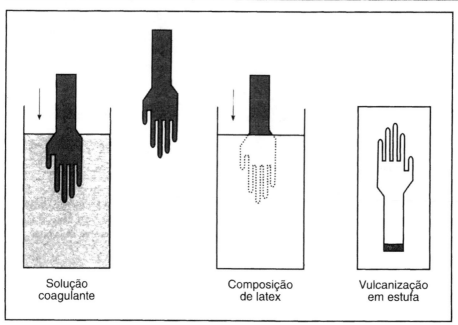

Figura 40 — Representação esquemática da moldagem através de imersão

Bibliografia recomendada

- T. Whelan & J. Goff — "Injection Molding of Thermoplastic Materials", Van Nostrand, New York., 1990.
- T. Whelan & J. Goff — "Injection Molding of Engineering Thermoplastics, Van Nostrand, New York, 1990.
- L. Mascia — "Thermoplastics: Materials Engineering", Elsevier, Essex, 1989.
- P.N. Richardson — "Plastic Processing" in H.F. Mark, N.M. Bikales, C.O. Overberger & G. Menges, "Encyclopedia of Polymer Science and Engineering", V.11, John Wiley, New York, 1988, pág.262-285.
- A. Blass — "Processamento de Polímeros", Editora UFSC, Florianópolis, 1988.
- N.M. Bikales — "Extrusion and other Plastics Operations", John Wiley, New York, 1971.
- N.M. Bikales — "Molding of Plastics', John Wiley, New York, 1971.
- E.G. Fisher — "Blow Moulding of Plastics", Butterworth, London, 1971.
- D.C. Miles & J.H. Briston — "Polymer Technology", Temple Press, London, 1965.

POLÍMEROS DE INTERESSE INDUSTRIAL – BORRACHAS

Dentre todos os tipos de materiais poliméricos, as borrachas, ou elastômeros, se distinguem por sua característica única de permitir grande alongamento, seguido instantaneamente de quase completa retração, especialmente quando se encontram na condição vulcanizada. Esse fenômeno foi primeiramente observado na borracha natural, e passou a ser conhecido como *elasticidade*. A borracha é material considerado de importância estratégica, devido ao papel que desempenha principalmente no transporte de pessoas, matérias-primas, produtos acabados, alimentos, etc.

A borracha foi conhecida pelos Europeus durante a segunda viagem de Cristóvão Colombo à América, àquela época (1493-1496) ainda conhecida como "Índias Ocidentais". Os nativos usavam a borracha sob a forma de bolas, em jogos. A palavra *borracha* provém do Português; era o nome dado ao odre de couro usado para o transporte de vinho e água, o qual depois passou a ser feito com látex de borracha. Por extensão, esse termo passou a significar o material contido no látex, isto é, o polímero *cis*-poli-isopreno; daí, progressivamente, aplicou-se a todos os polímeros que eram sintetizados e tinham propriedades semelhantes à borracha. A palavra *elastômero* ("elastomer"), natural ou sintético, tem o mesmo significado.

É interessante registrar que a palavra *borracha* não guarda qualquer semelhança com as denominações correspondentes em outros idiomas: em Francês, é *caoutchouc*, proveniente da palavra indígena *cahutchu;* em Espanhol, é *caucho*; em Inglês, é *rubber,* derivada de "India rubber" e do verbo "to rub", que significa friccionar, pois o produto era usado como apagador de lápis; em Italiano, é *gomma*, e em Alemão, *Gummi*, nomes relacionados às gomas vegetais, que se assemelhavam em aspecto ao coágulo do látex de borracha natural.

A cronologia do desenvolvimento da borracha revela alguns dados curiosos. Somente após ser conhecida por cerca de 400 anos é que a borracha natural foi reconhecida como um hidrocarboneto, por Faraday, na Inglaterra, nos primórdios da Química (1826). Williams (1860) sugeriu que a borracha tinha como unidade básica C_5H_8, isto é, o isopreno, que era o principal componente volátil encontrado nos produtos de pirólise. Wickham (1876) levou sementes de seringueira da Amazônia para Londres, e daí para o Sri Lanka (àquela época, Ceilão). Poucas mudas vingaram e delas tiveram origem todas as plantações do Sudeste Asiático (Malásia, Indonésia e Sri Lanka). O Brasil, que era, até às primeiras décadas do século XX, o único produtor de borracha natural, passou a contribuir com apenas 1% do total da produção deste elastômero a nível mundial. Essa situação pouco se alterou ao longo dos anos. A borracha natural vem constituindo 1/3 do total de borrachas, natural e sintéticas, consumidas no mundo.

Numerosas espécies botânicas, espalhadas pelo planeta, produzem borracha. Entretanto, a única espécie que gera borracha de alta qualidade e em condições econômicas é a *Hevea brasiliensis*, a seringueira, da família das Euforbiáceas.

Conforme comentado no **Capítulo 10**, a borracha tem características próprias, únicas. Exibe *elasticidade*, que é a capacidade que têm certas estruturas químicas de permitir grande deformação sob baixa tensão e, removida a força, retornar quase instantaneamente à condição inicial, sem perda significativa de forma e dimensões, em um processo reversível. Após a reticulação, em muito baixo grau, as cadeias poliméricas tornam-se "presas", impedidas de escoar, o que evita a deformação permanente e confere as características borrachosas ao material. A reação de reticulação é geralmente promovida por enxofre e denominada *vulcanização*.

O polímero da borracha natural tem configuração química muito regular; é uma cadeia *cis*-poliisoprênica de peso molecular da ordem de 200.000. Quando a cadeia é *trans*-poli-isoprênica, o produto não é borrachoso, é altamente cristalino e muito mais duro; é encontrado na gutapercha (*Palaquium oblongifolium*) e na balata (*Mimusops bidentata*), ambas da família das Sapotáceas. A representação da estrutura química dos poliisoprenos encontra-se na **Figura 41**.

Quando a borracha é estirada sem atingir a ruptura, o material se deforma e esquenta. Quando cessa a ação da força, a borracha retorna à situação inicial e resfria. Esse comportamento termomecânico é explicado pela ocorrência de dois efeitos: o *efeito Joule*, entrópico, e o *efeito histerese*, friccional.

O efeito Joule é a mudança da condição desordenada das macromoléculas, devido às vibrações térmicas, para a condição de ordem parcial por estiramento, com perda de energia que escapa sob a forma de calor.

O efeito histerese é a perda de energia mecânica sob a forma de calor, causada pelo atrito entre as macromoléculas ao serem estiradas e depois, sofrerem retração espontânea. Assim, diferentemente de outros materiais, como o aço, a borracha revela um comportamento único: ao esticar, esquenta; ao retrair, resfria.

As borrachas sintéticas mais importantes são também de estrutura polidiênica, tal como a borracha natural, e são obtidas por poliadição. São homopoliméricas, como o polibutadieno, BR, o poliisopreno, IR, e o policloropreno, CR. As copoliméricas são o copolímero de butadieno e estireno, SBR, o copolímero de butadieno e acrilonitrila, NBR, o copolímero de isobutileno e isopreno, IIR, e o copolímero de etileno, propileno e dieno não-conjugado, EPDM, e os copolímeros de fluoreto de vinilideno e hexaflúor-propileno, FPM. As borrachas obtidas por policondensação são produtos de características especiais e de uso limitado. São os polissiloxanos, MQ ou PDMS e os polissulfetos, EOT. Os poliuretanos, PU ou PUR, são muito versáteis e aplicáveis em borrachas, plásticos e fibras; no entanto, seu uso maior é no campo dos plásticos, e por isso serão comentados no **Capítulo 13**.

No **Quadro 23** estão relacionados os principais elastômeros, cada um dos quais será abordado individualmente, com mais detalhes, nos **Quadros 24 a 34**.

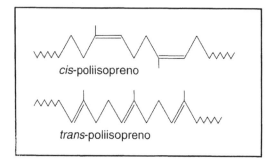

Figura 41 — *Representação da estrutura química dos poliisoprenos*

Quadro 23 — Borrachas industriais mais importantes

Sigla	Nome	Processo de polimerização	Quadro (nº)
NR	Borracha natural	Biogênese	24
BR	Polibutadieno	Poliadição	25
IR	Poliisopreno	Poliadição	26
CR	Policloropreno	Poliadição	27
EPDM	Copolímero de etileno, propileno e dieno	Poliadição	28
IIR	Copolímero de isobutileno e isopreno	Poliadição	29
SBR	Copolímero de butadieno e estireno	Poliadição	30
NBR	Copolímero de butadieno e acrilonitrila	Poliadição	31
FPM	Copolímero de fluoreto de vinilideno e hexaflúor-propileno	Poliadição	32
MQ , PDMS	Poli(dimetil-siloxano)	Policondensação	33
EOT	Polissulfeto	Policondensação	34

Quadro 24 — Borrachas de importância industrial: Borracha natural (NR)

Precursor	Pirofosfato de geranila
Polímero	*cis*-Poliisopreno
Preparação	• Biogênese em seringueiras, planta da família das Euforbiáceas. Principal representante: *Hevea brasiliensis*.
Propriedades	*Antes da vulcanização*: • Peso molecular: 10^5–10^6; d: 0,92 • Cristalinidade: baixa; T_g: $-72^{\circ}C$; T_m: $28^{\circ}C$ • Material termoplástico. Forma soluções de grande pegajosidade. Propriedades mecânicas fracas. *Após a vulcanização* • Material termorrígido. Boa resistência mecânica. Grande elasticidade. Baixa deformação permanente. Baixa histerese.
Aplicações	*Após a vulcanização*: • Gerais; pneus de grande porte, para aviões e tratores; peças com grande elasticidade, como elásticos e luvas cirúrgicas. Inadequado para contato com líquidos ou gases apolares.
Nomes comerciais	• Borracha de seringueira (*Hevea brasiliensis*).
No Brasil	• Seringal nativo, na Amazônia. Plantações em SP e BA.
Observações	• A vulcanização é feita com enxofre. A borracha natural é auto-reforçadora. Negro-de-fumo é normalmente usado em pneumáticos, como agente reforçador. Para peças claras, ácido silícico pode ser empregado como reforço.

	Quadro 25 — Borrachas de importância industrial: Polibutadieno (BR)
Monômero	Butadieno (gás); p.e.: 4°C $\quad H_2C = C - C = CH_2$ $\qquad\qquad\qquad\qquad\qquad\qquad \mid \quad \mid$ $\qquad\qquad\qquad\qquad\qquad\qquad H \quad H$
Polímero	Polibutadieno *cis*-polibutadieno $\qquad\qquad$ *trans*-polibutadieno
Preparação	• Poliadição em massa. Monômero, Li, Na ou K, 0°C • Poliadição em solução. Monômero, butil-lítio, heptano, 20–50°C • Polimerização em solução. Monômero, catalisador de Ziegler-Natta, heptano, 35°C • Poliadição em emulsão. Monômero, persulfato de potássio, água, emulsificante, 50°C.
Propriedades	*Antes da vulcanização*: • Peso molecular: 10^4–10^6; d: 0,88-1,01 • Cristalinidade: variável; T_g: –106°C; T_m: variável • Material termoplástico, com predominância de *cis*-polibutadieno. Propriedades mecânicas fracas. *Após a vulcanização*: • Material termorrígido. Propriedades semelhantes às de NR vulcanizada, exceto pela baixa elasticidade e alta resistência à abrasão.
Aplicações	*Após a vulcanização*: • Pneumáticos em geral.
Nomes comerciais	• Ameripol CB, Cariflex BR, Coperflex.
No Brasil	• Fabricado pela Petroflex (PE).
Observações	• A vulcanização é feita com enxofre. É exxencial o reforço com negro-de-fumo.

Quadro 26 — Borrachas de importância industrial: Poliisopreno (IR)

Monômero	Isopreno (líquido); p.e.: 34°C $$H_2C = C - C = CH_2$$ com grupos CH_3 e H no carbono central
Polímero	Poliisopreno *cis*-poliisopreno *trans*-poliisopreno
Preparação	• Poliadição em solução. Monômero, catalisador de Ziegler-Natta; heptano, 50°C • Poliadição em solução. Monômero, butil-lítio; heptano, 0°C.
Propriedades	*Antes da vulcanização*: • Peso molecular: 10^4–10^6; d: 0,92 • Cristalinidade: amorfo; T_g: –70°C; T_m: – • Material termoplástico. Propriedades mecânicas fracas. *Após a vulcanização*: • Material termorrígido. Propriedades semelhantes às de NR vulcanizada, porém com menor elasticidade.
Aplicações	*Após a vulcanização*: • Semelhantes às de NR vulcanizada.
Nomes comerciais	• Ameripol SN, Cariflex I, Coral.
No Brasil	• Não é fabricado.
Observações	• IR não é exatamente semelhante à borracha natural, pois não apresenta a estereorregularidade resultante da biogênese. Assim, IR não tem a elasticidade nem o auto-reforço encontrados na NR. As qualidades especiais da borracha natural continuam insuperadas pelos produtos sintéticos. • A vulcanização é feita com enxofre. O reforço é obtido com negro-de-fumo.

Quadro 27 — Borrachas de importância industrial: Policloropreno (CR)

Monômero	Cloropreno (líquido); p.e.: 59°C
Polímero	Policloropreno
Preparação	• Poliadição em emulsão. Monovinil-acetileno, ácido clorídrico, persulfato de potássio, água, emulsificante, 40°C.
Propriedades	*Antes da vulcanização*: • Peso molecular: 10^5; d: 1,20–1,25 • Cristalinidade: variável; T_g: –45° C; T_m: 45 • Material termoplástico. Propriedades mecânicas fracas. *Após a vulcanização*: • Material termorrígido. Aderência a metais. Resistência ao envelhecimento. Resistência à chama.
Aplicações	*Após a vulcanização*: • Roupas e luvas industriais. Revestimento de tanques industriais. Mangueiras. Adesivos. Correias transportadoras. Revestimento de cabos submarinos. Artefatos em contato com a água do mar.
Nomes comerciais	• Neoprene, Perbunan C.
No Brasil	• Não é fabricado.
Observações	• Diferente das demais borrachas, CR é vulcanizada com óxido de magnésio. Não é necessário reforço. Permite a obtenção de artefatos de quaisquer cores, o que é importante em vestuário de mergulhadores e em esportes aquáticos. • A presença de cloro torna CR uma borracha muito resistente ao ataque químico, especialmente à água do mar.

Quadro 28 — Borrachas de importância industrial: Copolímero de etileno, propileno e dieno não-conjugado (EPDM)

Monômeros	Etileno (gás); p.e.: $-104°C$ Propileno (gás); p.e.: $-48°C$ 5-Etilideno-2-norborneno (líquido); p.e.: $148°C$
Polímero	Copolímero de etileno, propileno e dieno
Preparação	• Poliadição em lama. Monômero, catalisador de Ziegler-Natta, heptano, 38°C, 200 psi.
Propriedades	*Antes da vulcanização*: • Peso molecular: 10^5; d: 0,86; • Cristalinidade: amorfo; T_g: $-55°C$; T_m: – • Material termoplástico. Boa estabilidade ao armazenamento. Propriedades mecânicas fracas. *Após a vulcanização*: • Material termorrígido. Resistência ao envelhecimento. Pouca elasticidade. Flexível a baixas temperaturas.
Aplicações	*Após a vulcanização*: • Pneumáticos em geral. Isolamento de cabos elétricos. Produtos celulares. Guarnições de janelas e pára-brisas.
Nomes comerciais	• Keltan, Royalene.
No Brasil	• Fabricado por DSM Brasil (RS).
Observações	• EPDM contém predominantemente etileno e o teor de dieno em geral é inferior a 2%. Vulcaniza com enxofre e precisa de reforço com negro-de-fumo.

Quadro 29 — Borrachas de importância industrial: Copolímero de isobutileno e isopreno (IIR)

Monômeros	Isobutileno (gás); p.e.: −6°C Isopreno (líquido); p.e.: 34°C
Polímero	Copolímero de isobutileno e isopreno
Preparação	• Poliadição em solução. Monômero, BF_3/traços de água, cloreto de metileno, −100°C.
Propriedades	*Antes da vulcanização*: • Peso molecular: 10^4–10^6; d: 0,91–0,96 • Cristalinidade: amorfo; T_g: −75–67°C; T_m: − • Material termoplástico. Escoamento ao próprio peso acentuado. Propriedades mecânicas fracas. *Após a vulcanização*: • Material termorrígido. Alta resistência ao envelhecimento. Baixa permeabilidade aos gases.
Aplicações	*Após a vulcanização*: • Câmaras de ar de pneumáticos. Balões-sonda meteorológicos. Correias transportadoras.
Nomes comerciais	• Borracha butílica.
No Brasil	• Não é fabricado.
Observações	• IIR é vulcanizada com enxofre e não precisa de reforço. O polímero não tem irregularidade configuracional e portanto, após a vulcanização, permite o alinhamento das cadeias por tração, gerando auto-reforço.

Quadro 30 — Borrachas de importância industrial: Copolímero de butadieno e estireno (SBR)

Monômeros	**Butadieno (gás); p.e.: 4°C** **Estireno (líquido); p.e.: 145°C**
Polímero	Copolímero de butadieno e estireno $-[CH_2CH = CH\ CH_2]_n[CH_2CH]_{n'}$
Preparação	• Poliadição em emulsão. Monômero, persulfato de potássio, água, emulsificante, 50°C • Poliadição em emulsão. Monômero, hidroperóxido de p-mentila / sulfato ferroso, água, emulsificante, 5°C • Poliadição em solução. Monômero, butil-lítio, heptano, 30°C.
Propriedades	*Antes da vulcanização*: • Peso molecular: 10^5; d: 0,93 • Cristalinidade: amorfo; T_g: –45°C; T_m: – • Material termoplástico. Propriedades mecânicas fracas. *Após a vulcanização*: • Material termorrígido. Propriedades semelhantes às da NR vulcanizada, porém com menor elasticidade.
Aplicações	*Após a vulcanização*: • Uso generalizado na indústria. Pneumáticos e artefatos.
Nomes comerciais	• Buna-S, Cariflex S, Polysar S, Petroflex.
No Brasil	• Fabricado por Petroflex (RJ), Bayer (RJ) e Nitriflex (RJ).
Observações	• SBR é vulcanizada com enxofre. É necessário o reforço com negro-de-fumo.

Quadro 31 — Borrachas de importância industrial: Copolímero de butadieno e acrilonitrila (NBR)	
Monômeros	H₂C=CH—CH=CH₂ Butadieno(gás); p.e.: 4°C Acrilonitrila (líquido); p.e.: 78°C
Polímero	Copolímero de butadieno e acrilonitrila $\left[CH_2CH\right]_n\left[CH_2CH=CHCH_2\right]_{n'}$ com CN
Preparação	• Poliadição em emulsão. Monômero, persulfato de potássio, água, emulsificante, 50°C • Poliadição em emulsão. Monômero, hidroperóxido de cumila / dextrose, água, emulsificante, 5°C.
Propriedades	*Antes da vulcanização*: • Peso molecular: 10^4–10^6; d: 0,95–1,02 • Cristalinidade: amorfo; T_g: –50– –30°C; T_m: – • Material termoplástico. Propriedades mecânicas fracas. *Após a vulcanização*: • Material termorrígido. Aderência a metais. Resistência a gasolina, óleos e gases apolares.
Aplicações	*Após a vulcanização*: • Mangueiras, gaxetas e válvulas. Revestimento de tanques industriais.
Nomes comerciais	• Buna N, Hycar, Perbunan N, Nitriflex, Chemigum.
No Brasil	• Fabricado por Nitriflex (RJ).
Observações	• É vulcanizada com enxofre. Necessita de reforço com negro-de-fumo. • NBR é a única borracha industrializada de caráter polar, e por isso, resistente de um modo geral a hidrocarbonetos.

Quadro 32 — Borrachas de importância industrial: Copolímero de fluoreto de vinilideno e hexaflúor-propileno (FPM)

Monômeros	**Fluoreto de vinilideno (gás);** p.e.: –84°C **Hexaflúor-propileno (gás);** p.e.: –29°C
Polímero	Copolímero de fluoreto de vinilideno e hexaflúor-propileno
Preparação	• Poliadição em emulsão. Monômeros, persulfato de amônio, água, emulsificante, 50°C.
Propriedades	*Antes da vulcanização*: • Peso molecular: 10^5; d: 1,80–1,86 • Cristalinidade: amorfo; T_g: – ; T_m: – • Material termoplástico. Propriedades mecânicas fracas. *Após a vulcanização*: • Material termorrígido. Alta resistência térmica. Resistência a óleos e agentes químicos.
Aplicações	*Após a vulcanização*: • Especiais, em gaxetas, anéis, diafragmas e retentores.
Nomes comerciais	• Viton, Fluorel, Kel-F.
No Brasil	• Não é fabricado.
Observações	• É vulcanizada com óxido de magnésio. Necessita de reforço com negro-de-fumo. Alto custo. • Sua fabricação é restrita a alguns países.

Quadro 33 — Borrachas de importância industrial: Poli(dimetil-siloxano) (MQ, PDMS)

Precursor	CH_3 $\|$ $Cl - Si - Cl$ $\|$ CH_3 Dicloro-dimetil-silano (líquido); p.e.: 70°C (hidrolisado com ácido clorídrico e ciclizado a trímero siloxânico)
Polímero	Poli(dimetil-siloxano) $$-O-\left[\begin{array}{c} CH_3 \\ \| \\ SI - O \\ \| \\ CH_3 \end{array}\right]_n \begin{array}{c} CH_3 \\ \| \\ SI - CH_3 \\ \| \\ CH_3 \end{array}$$
Preparação	• Policondensação. Monômero siloxânico ciclizado, catalisador alcalino, 150–200°C.
Propriedades	*Antes da vulcanização*: • Peso molecular: 10^5–10^6; d: 0,97 • Cristalinidade: variável; T_g: −125°C; T_m: − • Material termoplástico. Propriedades mecânicas fracas. *Após a vulcanização*: • Material termorrígido. Alta resistência a temperaturas elevadas. Resistência à chama. Antiaderência. Boa elasticidade. Incolor, inodoro, insípido e fisiologicamente inerte.
Aplicações	*Após a vulcanização*: • Esteiras transportadoras antiaderentes para fornos contínuos. Implantes e materiais cirúrgicos. Gaxetas. Revestimento de cilindros.
Nomes comerciais	• Silicone, Silastic.
No Brasil	• Não é fabricado.
Observações	• É vulcanizada com peróxido orgânico. Necessita de reforço com ácido silícico. • Aceita colorações claras e forma películas elásticas.

Quadro 34 — Borrachas de importância industrial: Polissulfeto (EOT)

Monômero	$Cl - CH_2 - CH_2 - Cl$ $Na - S - S - Na$ (com S ramificado) 1,2-Dicloro-etileno (líquido); p.e.: 60°C Polissulfeto de sódio (sólido)
Polímero	Polissulfeto $\sim\!\sim\!\sim C - C - S - S\sim\!\sim\!\sim$ (com H e S ramificados)
Preparação	• Policondensação. Monômeros, água, hidróxido de magnésio, 70°C.
Propriedades	*Antes da vulcanização:* • Peso molecular: – ; d: 1,60 • Cristalinidade: amorfo; T_g: –50°C; T_m: – • Material termoplástico. Propriedades mecânicas fracas. *Após a vulcanização:* • Material termorrígido. Alta resistência a solventes. Odor desagradável.
Aplicações	*Após a vulcanização:* • Juntas para vedação em construção civil. Moldes flexíveis.
Nomes comerciais	• Thiokol.
No Brasil	• Não é fabricado.
Observações	• EOT é vulcanizada com óxido de zinco. Necessita de reforço com negro-de-fumo. • Devido ao odor sulfuroso de suas massas, EOT tem usos bastante limitados, embora seja um excelente vedante. • A maior utilização de EOT é como aglutinante de combustível em foguetes.

Bibliografia recomendada

- *J. Lal — "Elastomers, Synthetic", in H.F. Mark, N.M. Bikales, C.G. Overberger & G. Menges, "Encyclopedia of Polymer Science and Engineering", Index Volume, John Wiley, New York, 1990, pág.106-127.*

- *D.R.St. Cyr — "Rubber, Natural", in H.F. Mark, N.M. Bikales, C.G. Overberger & G. Menges, "Encyclopedia of Polymer Science and Engineering", V. 14, John Wiley, New York, 1988, pág.687-716.*

- *A. Subramaniam — "Rubber Chemicals"in H.F. Mark, N.M. Bikales, C.G. Overberger & G. Menges, "Encyclopedia of Polymer Science and Engineering", V.14, John Wiley, New York, 1988, pág.716-786.*

- *S. Bywater — "Anionic Polymerization", in H.F. Mark, N.M. Bikales, C.G. Overberger and G. Menges, "Encyclopedia of Polymer Science and Engineering", V. 5, John Wiley, New York, 1985, pág. 1-43.*

- *W.J. Roff & J.R. Scott — "Fibres, Films, Plastics and Rubbers", Butterworth, London, 1971.*

- *W.J.S. Naunton — "The Applied Science of Rubber", Edward Arnold, London, 1961.*

- *M. Morton — "Rubber Technology", Van Nostrand Reinhold, New York, 1987.*

13

POLÍMEROS DE INTERESSE INDUSTRIAL – PLÁSTICOS

Os plásticos ("plastics") industriais mais importantes são todos de origem sintética. Poucos, como o acetato de celulose, são obtidos por modificação química de polímeros naturais. São empregados na confecção de artefatos.

As características mecânicas dos plásticos são intermediárias entre os valores correspondentes às borrachas e às fibras. Quando a estrutura química permite o alinhamento das macromoléculas por estiramento, o polímero pode ser utilizado como fibra, de maior resistência se houver a possibilidade de interações intermoleculares. Polímeros que formam boas fibras formam também bons filmes.

Quando os polímeros são oligoméricos (pré-polímeros), podem ter aplicação importante no setor de adesivos, e o aumento substancial do peso molecular ocorre em uma segunda etapa (como em alguns polímeros de condensação). Podem ainda ter utilização no setor de tintas. Diversos polímeros solúveis em água são empregados no setor de alimentos e de cosméticos.

Os plásticos industriais são muitas vezes baseados em copolímeros, contendo pequena quantidade de comonômero, cuja função é modificar no grau desejado algumas das propriedade do homopolímero. Nesses casos, a denominação do produto indica apenas o monômero predominante, como se fosse um homopolímero. Outras vezes, o produto industrial contém mais de um polímero, compondo uma *mistura polimérica* ("polymer blend"). O **Quadro 35** apresenta os principais polímeros utilizados na moldagem de artefatos plásticos.

É interessante conhecer alguns dados cronológicos para avaliar o progresso do desenvolvimento industrial no campo dos plásticos.

Os primeiros materiais plásticos empregados na indústria foram obtidos de produtos naturais, por modificação química, como o *nitrato de celulose* (da celulose do algodão), a *gallalite* (da caseína do leite) e *ebonite* (da borracha natural).

Os primeiros plásticos sintéticos comercializados sob a forma de artefatos foram PR, conhecida como *Bakelite*, em 1910, e mais tarde, na década de 30, PVC, PMMA e PS. Na década de 40 surgiram LDPE, PU e ER. Na década de 50, apareceram POM, HDPE, PP e PC. Nessas décadas ocorreu o grande desenvolvimento da Química de Polímeros. A partir de então, somente tiveram destaque como novos plásticos algumas estruturas poliméricas, para aplicação como *polímeros de especialidade* ("specialties").

A maior parte dos polímeros industriais é destinada ao mercado de plásticos (**Quadros 36 a 48**). No Brasil, em 1994, a capacidade instalada para a produção de polímeros ultrapassava 4 milhões de toneladas-ano, sendo aproximadamente a metade referente a poliolefinas, designadas tecnicamente *plásticos de comodidade* ("commodities"), em contraposição a plásticos de especialidade.

	Quadro 35 — Plásticos industriais mais importantes		
Sigla	Nome	Processo de polimerização	Quadro (n.º)
HDPE	Polietileno de alta densidade	Poliadição	36
LDPE	Polietileno de baixa densidade	Poliadição	37
PP	Polipropileno	Poliadição	38
PS	Poliestireno	Poliadição	39
PVC	Poli(cloreto de vinila)	Poliadição	40
PTFE	Poli(tetraflúor-etileno)	Poliadição	41
PMMA	Poli(metacrilato de metila)	Poliadição	42
POM	Polioximetileno	Poliadição	43
PC	Policarbonato	Policondensação	44
PPPM	Copolímero de anidridos ftálico e maleico e glicol propilênico	Policondensação	45
PR	Resina fenólica	Policondensação	46
MR	Resina melamínica	Policondensação	47
PU	Poliuretano	Policondensação	48

Quadro 36 — Plásticos de importância industrial: Polietileno de alta densidade (HDPE)

Monômero	$H_2 C = CH_2$ Etileno (gás); p.e.: $-104°C$
Polímero	$— (CH_2 — CH_2)_n —$ Polietileno de alta densidade
Preparação	• Poliadição em lama. Monômero, catalisador de Ziegler-Natta, heptano, 70°C, 300 psi (2 MPa) • Poliadição em lama. Monômero, óxidos metálicos (cromo, molibdênio), heptano, 100°C, 550 psi (4 MPa) • Poliadição em fase gasosa. Monômero, catalisador de Ziegler-Natta, 70–105°C, 290 psi (2 MPa).
Propriedades	• Peso molecular: 10^5; d: 0,94–0,97; linear • Cristalinidade: até 95%; T_g: $-120°C$; T_m: 135°C • Material termoplástico. Propriedades mecânicas moderadas. Resistência química excelente.
Aplicações	• Contentores. Bombonas. Fita-lacre de embalagens. Material hospitalar.
Nomes comerciais	• Eltex, Hostalen, Marlex, Petrothene, Polisul.
No Brasil	• Fabricado por Polialden (BA), OPP Poliolefinas (BA), Politeno (BA), Solvay (SP), Ipiranga Petroquímica (RS).
Observações	• HDPE é obtido por mecanismo de coordenação aniônica; é linear e com alta cristalinidade. • Polímeros relacionados ao HDPE: Polietileno linear de baixa densidade (LLDPE); é um copolímero contendo propeno, buteno ou octeno; polietileno linear de altíssimo peso molecular (até $5x10^6$) (UHMWPE).

	Quadro 37 — Plásticos de importância industrial: Polietileno de baixa densidade (LDPE)	
Monômero	$H_2C = CH_2$ Etileno (gás); p.e.: $-104°C$
Polímero	$— (CH_2 — CH_2)_n —$ Polietileno de baixa densidade
Preparação	• Poliadição em massa. Monômero, oxigênio, peróxido, 200°C, 30.000–50.000 psi (200–350 MPa).
Propriedades	• Peso molecular: $5x10^4$; d: 0,92–0,94; ramificado • Cristalinidade: até 60%; T_g: $-20°C$; T_m: 120°C • Material termoplástico. Boas propriedades mecânicas. Resistência química excelente.
Aplicações	• Filmes e frascos para embalagens de produtos alimentícios, farmacêuticos e químicos. Utensílios domésticos. Brinquedos.
Nomes comerciais	• Alathon, Petrothene, Politeno.
No Brasil	• Fabricado por OPP Poliolefinas (SP, RS), Union Carbide (SP), Politeno (BA), Triunfo (RS).
Observações	• LDPE é obtido por mecanismo via radical livre; é ramificado e com baixa cristalinidade. • A versatilidade de emprego do LDPE em filmes e sacos plásticos para embalagem e transporte dos mais diversos materiais traz como conseqüência o problema da poluição ambiental. • Polímeros relacionados ao LDPE: copolímero de etileno e acetato de vinila (EVA), empregado como artefatos espumados e também como adesivo do tipo adesivo fundido ("hot melt").

Quadro 38 — Plásticos de importância industrial: Polipropileno (PP)

Monômero	$H_2C = CHCH_3$ Propileno (gás); p.e.: $-48°C$
Polímero	$- (H_2C - CHCH_3)_n -$ Polipropileno
Preparação	• Poliadição em lama. Monômero; catalisador de Ziegler-Natta, heptano, 60°C, 20 psi • Poliadição em fase gasosa. Monômero, catalisador de Ziegler-Natta, 70–80°C, 230–260 psi.
Propriedades	• Peso molecular: $10^4–10^5$; d: 0,90; isotático • Cristalinidade: 60-70%; T_g: 4–12°C; T_m: 165-175°C • Material termoplástico. Propriedades mecânicas moderadas. Resistência química excelente.
Aplicações	• Pára-choques de automóveis. Carcaças de eletrodomésticos. Recipientes em geral. Fita-lacre de embalagens. Brinquedos. Sacaria. Carpetes. Tubos para canetas esferográficas. Válvulas para aerossóis. Material hospitalar. Recipientes para uso em fornos de microondas.
Nomes comerciais	• Propathene, Pro-fax, Prolen, Brasfax.
No Brasil	• Fabricado por Polibrasil (SP, RJ, BA) e OPP (RS).
Observações	• PP altamente isotático é obtido por mecanismo de coordenação aniônica; tem alta cristalinidade; como polímero apolar e de T_m elevada, é excelente material para resistir às radiações eletromagnéticas na região de micro-ondas. • Por ter surgido mais tarde que outros polímeros, PP procura deslocar outros materiais em diversas aplicações. • A baixa densidade, o baixo custo e a facilidade de moldagem têm propiciado o crescente uso do PP na indústria automobilística.

Quadro 39 — Plásticos de importância industrial: Poliestireno (PS)

Monômero	$H_2C = CHC_6H_5$ Estireno (líquido); p.e.: $-48°C$
Polímero	$— (H_2C — CHC_6H_5)_n —$ Poliestireno
Preparação	• Poliadição em massa. Monômero, peróxido ou azonitrila, 40°C • Poliadição em solução. Monômero, peróxido ou azonitrila, tolueno, 60°C • Poliadição em emulsão. Monômero, persulfato de potássio, água, emulsificante, 50°C • Poliadição em suspensão. Monômero, peróxido ou azonitrila, água, espessante, 70°C.
Propriedades	• Peso molecular: 10^6; d: 1,05 • Cristalinidade: amorfo; T_g: 100°C; T_m: – • Material termoplástico. Propriedades mecânicas moderadas. Transparência. Rigidez elevada. Baixa resistência ao risco. Baixa resistência aos solventes.
Aplicações	• Utensílios domésticos rígidos, de uso generalizado. Brinquedos. Embalagens para cosméticos e alimentos. Placas expandidas.
Nomes comerciais	• Lustrex, Styron, Styropor, EDN.
No Brasil	• Fabricado por CBE (SP), BASF (SP), Resinor (SP), EDN/Dow (BA, SP).
Observações	• Polímeros relacionados ao PS: copolímero de estireno e butadieno (HIPS); copolímero de estireno e acrilonitrila (SAN); copolímero de butadieno, estireno e acrilonitrila (ABS).

Quadro 40 — Plásticos de importância industrial: Poli(cloreto de vinila) (PVC)

Monômero	$H_2C = CHCl$ Cloreto de vinila (gás); p.e.: $-14°C$
Polímero	$- (CH_2 - CHCl)_n -$ Poli(cloreto de vinila)
Preparação	• Poliadição em emulsão. Monômero, persulfato de potássio, água, emulsificante, 50°C • Poliadição em suspensão. Monômero; peróxido ou azonitrila, água, espessante, 70°C.
Propriedades	• Peso molecular: 10^4–10^5; d: 1,39 • Cristalinidade: 5–15%; T_g: 81°C; T_m: 273°C • Material termoplástico. Propriedades mecânicas elevadas. Rigidez elevada. Plastificável em ampla faixa. Resistência à chama elevada.
Aplicações	• Forração de móveis e de estofamentos de carros. Revestimentos de fios e cabos elétricos. Tubulações para água e esgoto. Passadeiras, pisos. Embalagem para alimentos, rígidas e transparentes. Toalhas de mesa, cortinas de chuveiro. Calçados. Bolsas e roupas imitando couro. Carteiras transparentes para identificação. Bonecas.
Nomes comerciais	• Geon, Norvic, Solvic.
No Brasil	• Fabricado por Triken (BA, SP, AL) e Solvay (SP).
Observações	• PVC é amplamente utilizado em formulações com plastificantes, com flexibilidade variável. • Polímeros relacionados ao PVC: copolímero de cloreto de vinila e acetato de vinila (PVCAc), cuja boa solubilidade em solventes orgânicos comuns permite sua aplicação em adesivos.

Quadro 41 — Plásticos de importância industrial: Poli(tetraflúor-etileno) (PTFE)	
Monômero	$F_2C = CF_2$ Tetraflúor-etileno (gás); p.e.: $-76°C$
Polímero	$— (F_2C — CF_2)_n —$ Poli(tetraflúor-etileno)
Preparação	• Poliadição em emulsão. Monômero, persulfato de potássio, água, emulsificante, 40°C • Poliadição em suspensão. Monômero, peróxido ou azonitrila, água, espessante, 70°C.
Propriedades	• Peso molecular: 10^5–10^6; d: 2,20 • Cristalinidade: 95%; T_g: 127°C; T_m: 327°C • Material termoplástico. Propriedades mecânicas elevadas. Baixo coeficiente de fricção. Baixa aderência. Resistências térmica e química excelentes.
Aplicações	• Válvulas, torneiras, gaxetas, engrenagens, anéis de vedação. Revestimentos antiaderentes para panelas, placas em geral, filamentos para componentes elétricos e eletrônicos.
Nomes comerciais	• Teflon, Fluon, Polyflon.
No Brasil	• Não é fabricado.
Observações	• PTFE tem conjunto único de propriedades; é um polímero especial, insolúvel e infusível. É moldado por sinterização sob a forma de tarugos ou placas, dos quais as peças são cortadas e usinadas. • Polímeros relacionados ao PTFE: poli(cloro-triflúor-etileno) (PCTFE), homopolímero, solúvel em solventes orgânicos comuns, empregado na fabricação de tintas e vernizes para revestimentos antiaderentes.

Quadro 42 — Plásticos de importância industrial: Poli(metacrilato de metila) (PMMA)

Monômero	$H_2C = C(CH_3)COOCH_3$ Metacrilato de metila (líquido); p.e.: 100°C
Polímero	$- [H_2C - C(CH_3)COOCH_3]_n -$ Poli(metacrilato de metila)
Preparação	• Poliadição em massa. Monômero, peróxido ou azonitrila, 40°C • Poliadição em suspensão. Monômero, peróxido ou azonitrila, água, espessante, 70°C.
Propriedades	• Peso molecular: 10^5–10^6; d: 1,18 • Cristalinidade: amorfo; T_g: 105°C; T_m: – • Material termoplástico. Semelhança ao vidro. Propriedades mecânicas boas. Resistência ao impacto boa. Resistência às intempéries elevada. Resistência ao risco elevada.
Aplicações	• Painéis. Letreiros. Vidraças. Suporte de objetos em vitrines. Fibras óticas.
Nomes comerciais	• Perspex, Lucite, Plexiglas.
No Brasil	• Fabricado por Rohm & Haas (SP), Metacril (BA).
Observações	• PMMA sofre despolimerização por aquecimento a partir de 180^0C; é em geral fabricado como placas, por polimerização em massa, e termoformado. A moldagem de peças por injeção exige cuidados especiais. • De um modo geral, PMMA tem características óticas e mecânicas superiores às do PS e do CAc, porém tem custo mais elevado. • Fibras óticas de PMMA podem ser empregadas em substituição às fibras de quartzo, em painéis de carros.

	Quadro 43 — Plásticos de importância industrial: Polioximetileno (POM)	
Monômero	HCHO	Aldeído fórmico (gás); p.e.: $-21°C$
Polímero	$— (CH_2O)_n —$	Polioximetileno
Preparação	• Poliadição em lama. Monômero, tributilamina, ciclohexano, $40°C$ • Poliadição em massa. Monômero (trímero, trioxano), eterato de BF_3, $65°C$.	
Propriedades	• Peso molecular: $3x10^4$; d: 1,42 • Cristalinidade: 75%; T_g: $82°C$; T_m: $180°C$ • Material termoplástico. Excelentes propriedades mecânicas. Excelente estabilidade dimensional. Boa resistência à abrasão. Boa resistência à fadiga. Boa resistência a solventes. Baixa estabilidade térmica. Boa resiliência.	
Aplicações	• Engrenagens em geral. Componentes de precisão em equipamentos industriais, elétricos e eletrônicos (computadores, terminais de vídeo, eletrodomésticos, cintos de segurança). Válvulas de aerossol. Zípers.	
Nomes comerciais	• Delrin, Celcon.	
No Brasil	• Não é fabricado.	
Observações	• POM é homopolímero do aldeído fórmico, de cadeia acetálica (Delrin), ou copolímero, com pequena quantidade de óxido de etileno (Celcon). É um dos 3 principais plásticos de engenharia; os demais são PA e PC. • POM é o melhor polímero quanto à estabilidade dimensional. Encontra aplicação em componentes para as indústrias eletro-eletrônica, informática, aeroespacial e automobilística.	

Quadro 44 — Plásticos de importância industrial: Policarbonato (PC)

Monômeros	$O = CCl_2$ $HO - C_6H_4 - \overset{\displaystyle CH_3}{\underset{\displaystyle CH_3}{C}} - C_6H_4 - OH$ Fosgênio (gás); p.e.: $-8°C$ 4,4'-Difenilol-propano (líquido); p.f.156°C
Polímero	Policarbonato $\left(O - C_6H_4 - \overset{\displaystyle CH_3}{\underset{\displaystyle CH_3}{C}} - C_6H_4 - O - \overset{}{\underset{\displaystyle O}{C}} \right)_n$
Preparação	• Policondensação. Monômeros, hidróxido de sódio ou piridina, água, 30°C.
Propriedades	• Peso molecular: 3×10^4; d: 1,20 • Cristalinidade: amorfo; T_g: 150°C; T_m: – • Material termoplástico. Semelhança ao vidro. Excelente resistência ao impacto. Excelentes propriedades mecânicas. Boa estabilidade dimensional. Resistência às intempéries. Resistência à chama.
Aplicações	• Janelas de segurança. Escudos de proteção. Painéis de instrumentos. Lanternas de automóveis. Cabines de proteção. Capacetes de motociclistas. Luminárias para uso exterior. Mamadeiras. Discos compactos. Artigos médicos.
Nomes comerciais	• Durolon, Makrolon, Lexan.
No Brasil	• Fabricado por Policarbonatos (BA).
Observações	• PC é dos 3 mais importantes plásticos de engenharia; os demais são PA e POM. É particularmente interessante na segurança pessoal, pela sua excepcional resistência ao impacto e sua transparência.

Quadro 45 — Plásticos de importância industrial: Copolímero de anidrido ftálico, anidrido maleico e glicol propilênico (PPPM)	
Monômeros	$C_6H_4 - CO(O)CO$ $\qquad$ $HC = CH - CO(O)CO$ $\qquad$ CH_3, $HO - CH_2 - CH - OH$ Anidrido ftálico $\qquad\qquad$ Anidrido maleico $\qquad\quad$ Glicol propilênico (sólido); p.f.: 131°C $\qquad$ (sólido); p.f.: 53°C $\qquad$ (líquido); p.e.: 189°C
Polímero	$-(O-CH_2CH_2-OCO-CH{=}CH-COO-CH_2CH_2-O-CO-C_6H_4CO)_t-$ Copolímero de anidrido ftálico, anidrido maleico e glicol propilênico
Preparação	• Policondensação em solução. Monômeros, ácido *p*-tolueno-sulfônico, xileno, 100–200°C.
Propriedades	*Antes da reticulação* (cura): • Produtos oligoméricos; Peso molecular: 10^4; d: 1,15 *Após a reticulação* (com estireno e peróxido / naftenato de cobalto) • Material termorrígido. Resistência química. Resistência às intempéries.
Aplicações	• Compósitos com fibra de vidro. Telhas corrugadas, cascos de barco, carrocerias de carro esportivo, piscinas, silos, tubos para esgoto de indústria, painéis, luminárias decorativas.
Nomes comerciais	• Polylite, Paraplex.
No Brasil	• Fabricado por Resana (SP).
Observações	• PPPM pode ter suas propriedades modificadas pela variação na natureza e quantidade dos seus componentes. • A grande facilidade de processamento do PPPM permite a moldagem de peças de pequenas ou grandes dimensões, como protótipos para fins industriais, assim como tanques e silos, para armazenamento de diversos produtos.

Quadro 46 — Plásticos de importância industrial: Resina fenólica (PR)

Monômeros	C_6H_5 — OH $\qquad$ HCHO Fenol (sólido); p.f.: 41°C $\qquad$ Aldeído fórmico(gás); p.e. –21°C
Polímero	Resina fenólica
Preparação	• Policondensação em solução. Monômeros (com excesso de fenol), água, ácido, 100°C • Policondensação em solução. Monômeros (com excesso de aldeído fórmico), água, base, 100°C
Propriedades	*Antes da reticulação*: • Produtos oligoméricos; Peso molecular: 10^3; d: 1,25 *Após a reticulação*: • Material termorrígido. Boa resistência mecânica e térmica.
Aplicações	• Engrenagens. Pastilhas de freio. Compensado naval. Laminados para revestimento de móveis. Peças elétricas moldadas.
Nomes comerciais	• Amberlite, Bakelite, Celeron, Fórmica, Formiplac.
No Brasil	• Fabricado por Resana (SP), Alba (SP), Placas do Paraná (PR).
Observações	• PR em meio ácido (Novolac) é termoplástico e passa a termorrígido com aditivo (hexametileno-tetramina) e calor. • PR em meio básico, no 1.º estágio é solúvel e fusível (Resol). No 2.º estágio é insolúvel, porém fusível (Resitol). No 3.º estágio, torna-se insolúvel e infusível (Resit). As peças têm alto teor de celulose (serragem), cor acastanhada e odor fenólico.

Quadro 47 — Plásticos de importância industrial: Resina melamínica (MR)	
Monômeros	Melamina (sólido); dec. 350°C HCHO Aldeído fórmico (gás); p.e. −21°C
Polímero	Resina melamínica
Preparação	• Policondensação em solução. Monômeros, água, ácido, 30°C.
Propriedades	*Antes da reticulação*: • Produtos oligoméricos: Peso molecular: até 3×10^3; d: 1,50 *Após a reticulação*: • Material termorrígido. Boa resistência mecânica, química e térmica. Boa resistência ao risco e à abrasão.
Aplicações	• Adesivos para madeira. Camada decorativa de laminados fenólicos. Peças imitando pratos, travessas, cinzeiros. Peças para banheiro. Tintas e vernizes. Recipientes para uso em fornos de microondas.
Nomes comerciais	• Cymel, Melchrome.
No Brasil	• Fabricado por Formiplac Nordeste (PE), Perstorp (SP), Renner-DuPont (SP), Satipel (RS).
Observações	• MR é geralmente usada com carga de α-celulose. Suas propriedades são semelhantes às das resinas fenólicas e ureicas; é muito mais dura (6 pontos de reticulação por mero). • Diferente da PR, cujo anel fenólico impõe limitações de cor, o anel triamino-triazínico da MR não é sensível à oxidação, permitindo a obtenção de artefatos de cores claras, diversificadas.

Quadro 48 — Plásticos de importância industrial: Poliuretano (PU, PUR)

Monômeros	$O=C=N-R-N=C=O$ $HO-R-OH$ Diisocianato (líquido) Diol (líquido)
Polímero	Poliuretano $$\left[\begin{array}{c} O \quad\; H \qquad H \quad O \\ \| \quad\;\; \| \qquad\quad \| \quad \| \\ -C-N-R-N-C-O-R'-O- \end{array}\right]_n$$
Preparação	• Policondensação em massa. Monômeros, catalisador, 30°C.
Propriedades	• Peso molecular: –; d: variável • Cristalinidade: –; T_g: –; T_m: – • Material termoplástico ou termorrígido. Alta resistência à abrasão. Alta resistência ao rasgamento.
Aplicações	• Amortecedores, diafragmas e válvulas de equipamentos industriais para processamento e transporte de minérios. Solados. Material esportivo. Blocos e folhas de espuma flexível para estofamento de carros e móveis, e para confecção de bolsas e roupas.
Nomes comerciais	• Vulkolane, Lycra, Estane, Duroprene, Adiprene.
No Brasil	• Fabricado por Cofade (SP) e Vulcan (RJ).
Observações	• PU é material versátil; dependendo dos monômeros e do catalisador, uma variedade de materiais pode ser obitda, com textura maciça ou celular. Podem resultar borrachas, plásticos ou fibras, de natureza termoplástica ou termorrígida. Os diisocianatos podem ser do tipo aromático ou alifático; os mais importantes são: MDI (4,4'-diisocianato de difenilmetano) e TDI (mistura de 2,4- e 2,6-diisocianato de tolileno). Os dióis podem ser do tipo poliéter ou poliéster. Poliuretanos termoplásticos (TPU) são polímeros fusíveis, preparados pela reação de diisocianato com ligeiro excesso de diol (0,1%), gerando polímero terminado em OH, de peso molecular 100.000.

É importante ressaltar um tipo de problema que se observa em polímeros como o poliuretano, em que a reação de polimerização ocorre em massa, com monômeros líquidos. Não há remoção de produtos secundários, resultantes de reações concomitantes (**Figura 42**), que decorrem da dificuldade de homogeneização do meio reacional.

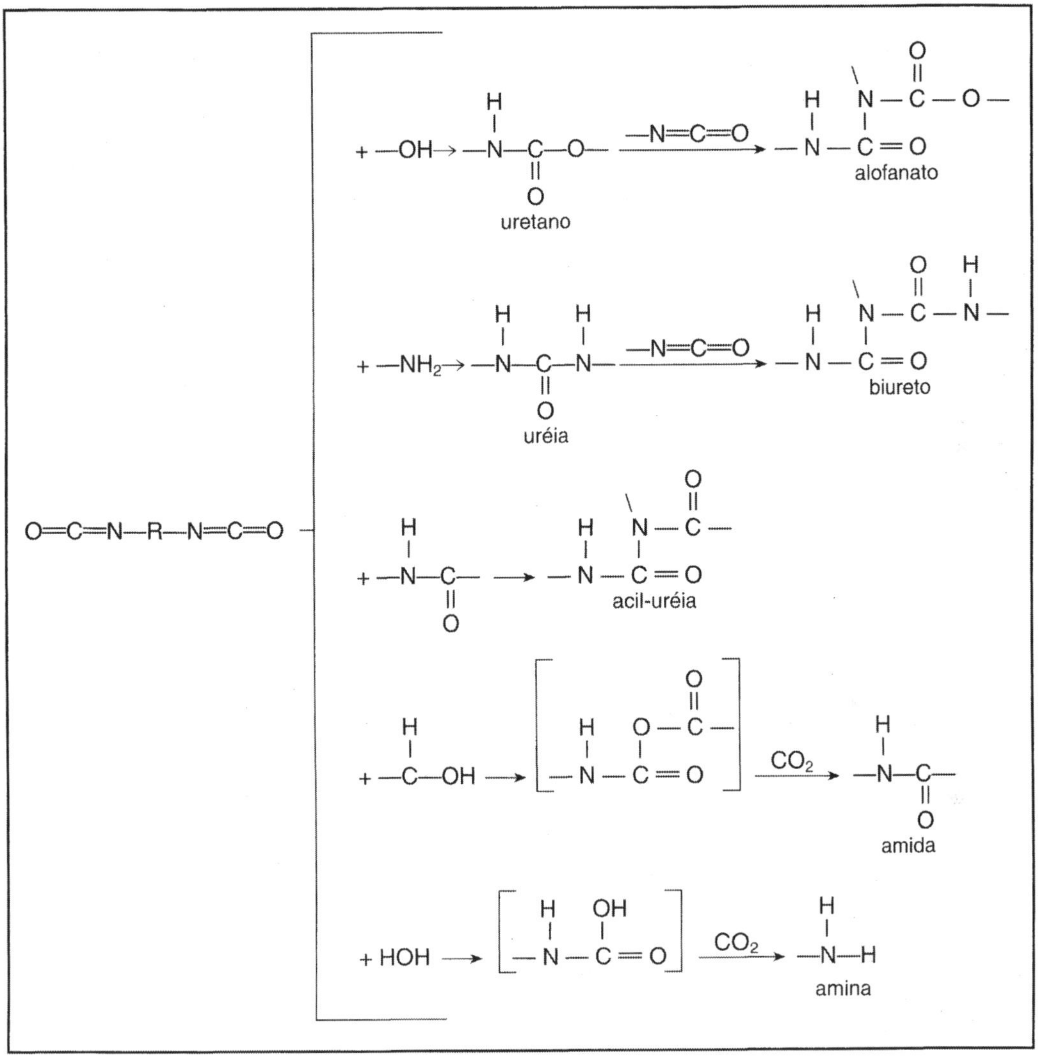

Figura 42 — *Produtos secundários na preparação de poliuretanos*

Bibliografia recomendada

- *T.R. Crompton — "Analysis of Polymers", Pergamon, Oxford, 1989.*

- *R.B. Seymour & C.E. Carraher, Jr — "Polymer Chemistry:An Introduction", M.Dekker, New York, 1988.*

- *S.V. Gangal — "Tetrafluorethylene Polymers", in H.F. Mark, N.M. Bikales, C.G. Overberger and G. Menges, "Encyclopedia of Polymer Science and Engineering", V.16, John Wiley, New York, 1989, pág. 577-600.*

- *K.W. Doak — "Ethylene Polymers", in H.F. Mark, N.M. Bikales, C.G. Overberger and G. Menges, "Encyclopedia of Polymer Science and Engineering", V.6, John Wiley, New York, 1986, pág. 383-429.*

- *T.J. Dolce & J.A. Grates — "Acetal Resin", in H.F. Mark, N.M. Bikales, C.G. Overberger and G. Menges, "Encyclopedia of Polymer Science and Engineering", V.1, John Wiley, New York, 1985, pág. 42-61.*

- *J.B. Dym — "Product Design with Plastics", Industrial Press, New York, 1983.*

- *W.J. Roff & J.R. Scott — "Fibres, Films, Plastics and Rubbers", Butterworth, London, 1971.*

- *E.B. Mano — "Polímeros como Materiais de Engenharia", Edgard Blücher, São Paulo, 1991.*

- *D.C. Miles & J.H. Briston — "Polymer Technology", Temple Press, London, 1965.*

POLÍMEROS DE INTERESSE INDUSTRIAL – FIBRAS

Conforme visto no **Capítulo 3**, *fibra* é um termo geral que designa um corpo flexível, cilíndrico, pequeno, de reduzida seção transversal e elevada razão entre o comprimento e o diâmetro (superior a 100), podendo ou não ser polimérico. As fibras industriais, naturais e sintéticas, representam uma vasta proporção do total de polímeros consumidos no mundo; à medida que aumenta a população, crescem paralelamente as necessidades básicas de alimentação, vestuário e habitação. Assim, as fibras abastecem um mercado de demanda garantida e de exigências de qualidade crescentes. Atualmente, são comercializadas cerca de 18 milhões de toneladas de fibras naturais e 16 milhões de fibras sintéticas a cada ano, no mundo.

As fibras naturais mais importantes são de origem vegetal ou animal. Todas as fibras vegetais são de natureza celulósica. São colhidas de diferentes partes da planta: caule, folha, semente, etc. As fibras mais puras e de maior importância na indústria têxtil são obtidas do algodão e recobrem a semente. As fibras de linho, juta, cânhamo, etc, são retiradas do caule de arbustos e contêm lignina e outros resíduos. As fibras mais duras, como a piaçava, são retiradas de palmeiras e são úteis na fabricação de escovas e vassouras. As fibras de madeira são em geral provenientes de árvores de desenvolvimento rápido, como o eucalipto (*Eucaliptus sp.*, família das Mirtáceas) e são vastamente consumidas pela indústria de papel e celulose. As fibras de origem animal são proteicas, sendo a lã e a seda as principais empregadas pela indústria têxtil. As fibras minerais têm aplicação industrial bastante limitada; a principal é o asbesto, um polissilicato hidratado, geralmente de magnésio ou ferro. A morfologia diversificada das fibras, observada através de cortes transversais e longitudinais, é especialmente importante nos produtos naturais, pois pode revelar a sua origem.

No caso das fibras sintéticas, as mais importantes são: PA-6, PA-6.6, PET, PAN e CAc.

Tal como ocorreu com as borrachas, as fibras têxteis naturais foram um modelo para os produtos sintéticos, que deveriam atender às suas características desejáveis bem conhecidas, algumas vezes conflitantes.

As principais características que uma fibra industrial deve possuir são:
- Estabilidade ao ar, à luz, ao calor e à umidade;
- Resistência a microorganismos e a insetos;
- Resistência a solventes, detergentes e oxidantes;
- Boa tingibilidade;
- Resistência mecânica, muito baixa deformação permanente por tração;
- Resiliência, pouco amassamento, facilidade de empacotamento;
- Resistência à abrasão;
- Baixa absorção de odores.

Para a avaliação do potencial de um polímero sob a forma de fibra, é fundamental o conhecimento da estrutura química. A presença de ligações hidrogênicas no polímero assegura a formação de fibras mais resistentes do ponto de vista mecânico, especialmente quando as cadeias poliméricas são flexíveis e permitem a orientação por estiramento, a temperaturas um pouco acima da T_g. A presença de anel aromático na cadeia impede ou reduz substancialmente a sua flexibilidade, e também a orientação; por outro lado, eleva de modo marcante a transição vítrea e a fusão, o que dificulta o processo de fiação. As ligações hidrogênicas, tão abundantes nas fibras naturais, propiciam a absorção de umidade, decorrente da transpiração humana, e a conseqüente sensação de conforto. A estrutura química controla ainda a possibilidade de modificação da macromolécula, tornando-a solúvel e suscetível de processamentos diversificados, podendo ou não sofrer regeneração da estrutura química inicial. Nesses casos, porém, a morfologia da fibra é alterada, podendo atender a exigências da moda quanto a "caimento", amassamento, etc.

A *indústria têxtil* ("textile industry") emprega fibras para a produção de 2 tipos de *tecido* ("fabric"): de textura regular e de textura irregular. No primeiro caso, as fibras cortadas são torcidas, formando fios contínuos, os *multifilamentos*, que podem ser submetidos a entrelaçamento ortogonal, com fios longitudinais compondo a *trama* ("woof") e fios transversais formando a *urdidura* ou *urdume* ("warp"), resultando o tecido conhecido por *pano* ou *fazenda*, ou então um único multifilamento pode ser submetido a enlaçamentos, resultando *malhas* ("knitting"), incluindo *croché* ("crochet"), *tricô* ("tricot"), *meias* ("hosiery"), etc. No segundo caso, as fibras cortadas são distribuídas irregularmente sobre telas, formando *mantas*, *feltros* ("felt") ou, generalizando, *tecido não-tecido* ("non-woven fabric").

As fibras vegetais em sua quase totalidade são descontínuas. Para a sua utilização na confecção de tecidos, precisam ser torcidas de tal maneira que constituam um fio contínuo. O fato de esse fio contínuo ser formado por fibras de pequeno comprimento, torna-o muito mais resistente a dobramento do que os monofilamentos, promovendo assim boas características de "caimento" para o tecido. Essa propriedade é associada à alta qualificação de uma fibra, tanto natural quanto sintética.

Dessa maneira, embora os polímeros sintéticos sejam obtidos em filamentos contínuos através de fiação por fusão, fiação seca ou fiação úmida, estes monofilamentos precisam receber um tratamento mecânico especial na indústria têxtil, de modo a obter um tecido capaz de imitar o "caimento" e as características dos tecidos feitos com fibras naturais, consideradas as de melhor qualidade. Os filamentos contínuos são frisados, cortados, retorcidos, tingidos, e então transformados em tecidos para uso pelo mercado de vestuário. A seda é produzida pela larva do bicho-da-seda como um filamento contínuo. Todas as fibras naturais utilizadas pelo homem são de comprimento limitado ("staple fibers"), e são empregadas para a fabricação do fio ("yarn"), o qual será usado na confecção do tecido, da malha, do tecido não-tecido ou da corda ("rope").

Algumas fibras naturais são modificadas industrialmente por processos químicos, para atender a exigências do mercado de vestuário. As fibras sintéticas se destinam principalmente ao setor têxtil; também são empregadas como componente de reforço em compósitos, como é o caso da *fibra de carbono* ("carbon fiber"), e são utilizadas em protótipos de peças para as indústrias de aeronaves e de material esportivo.

É interessante apresentar algumas informações sobre a história do desenvolvimento industrial das fibras. As fibras de cânhamo, algodão, linho, lã e seda eram comercialmente disponíveis desde tempos da Antiguidade. Fibra de celulose regenerada era conhecida já no final do século passado. Antes da II Guerra Mundial estavam industrializados CAc e PA-6.6. Na década de 50, surgiram PET, PAN e PA-6. Nos anos seguintes foram desenvolvidos outros poliésteres e poliamidas, de estruturas com grande número de anéis aromáticos e, portanto, mais resistentes e também muito mais difíceis de processar; estes materiais passaram a ser englobados na expressão *novos materiais*, ou *materiais de alto desempenho*, com aplicação especial em peças de grandes exigências na especificação.

Todos os polímeros que fornecem boas fibras são também bons formadores de filmes. Em ambos os casos, a resistência mecânica deve ser bastante elevada, diante do reduzido diâmetro, ou espessura, da peça. Tal como nas fibras, os filmes são orientados por estiramento em uma direção (mono-orientados) ou duas (biorientados). Os filmes obtidos por extrusão com insuflação de ar, já mostrados no **Capítulo 11**, são biorientados; neste caso, há aumento de resistência em ambas as direções. A biorientação é importante para aplicações do material como sacos para embalagem de artigos mais pesados, de forma irregular, como ocorre na indústria da construção civil.

O **Quadro 49** reúne as principais fibras de interesse industrial; sobre cada uma, são dadas maiores informações nos **Quadros 50 a 58**. Nestes Quadros são dadas informações sobre o monômero, no caso de polímeros sintéticos, ou sobre o precursor, nos polímeros naturais. Nos processos biogenéticos é empregado o simbolismo de letras maiúsculas, tais como: NDP-Glicose — Base Nitrogenada/Di/Fosfato/Glicose. A base nitrogenada pode ser purínica ou pirimidínica.

Quadro 49 — Fibras industriais mais importantes			
Sigla	Nome	Processo	Quadro (n.º)
—	Celulose	Biogênese	50
RC	Celulose regenerada	Modificação química	51
CAc	Acetato de celulose	Modificação química	52
—	Lã	Biogênese	53
—	Seda	Biogênese	54
PAN	Poliacrilonitrila	Poliadição	55
PA-6	Policaprolactama	Poliadição	56
PA-6.6	Poli(hexametileno-adipamida)	Policondensação	57
PET	Poli(tereftalato de etileno)	Policondensação	58

Quadro 50 — Fibras de importância industrial: Celulose

Precursor	Base Nitrogenada/Di/Fosfato/Glicose (NDP-Glicose)
Polímero	Poli(1,4-β-D-glucose)
Preparação	• Biogênese em plantas.
Propriedades	• Peso molecular: 10^{5-}–10^6; d: 1,56 • Cristalinidade: policristalino; T_g: –; T_m: 270°C dec. • Boa resistência mecânica. Baixa resistência ao calor. Alta absorção de umidade. Atacável por microorganismos.
Aplicações	• Como papel: a partir de polpa de madeira. • Como fibra: uso geral na indústria têxtil. • Como madeira: indústria de construção civil e móveis. • Como alimento: em verduras e preparações dietéticas.
Nomes comerciais	• —
No Brasil	• Abundante, em estado nativo ou em plantações.
Observações	• A celulose é β-glicosídica e linear; ocorre como fibrilas. • A indústria de papel é a maior consumidora de celulose no mundo, cuja fonte mais comum é o eucalipto, *Eucaliptus sp*, da família das Mirtáceas. • A mais importante fibra têxtil natural celulósica é o algodão, *Gossypium sp.*, da família das Malváceas. • Linho, juta e sisal são fontes de fibras celulósicas comerciais, obtidas dos talos das plantas. • A morfologia das fibras naturais permite a identificação da sua origem botânica. No algodão, o fio se assemelha a um cadarço, com dobras; a seção transversal lembra um grão de feijão, com um orifício central, achatado.

Quadro 51 — Fibras de importância industrial: Celulose regenerada (RC)		
Precursor	(estrutura química da celulose)	Celulose nativa
Polímero		Celulose regenerada
Preparação	• Modificação química. Celulose, hidróxido de sódio, dissulfeto de carbono, água, 50°C	
Propriedades	• Peso molecular: 10^5; d: 1,56 • Cristalinidade: variável; T_g: —; T_m: 270°C dec. • Material termorrígido físico, semelhante ao algodão.	
Aplicações	• Semelhantes às do algodão, na indústria têxtil. • Como filme transparante e flexível, em embalagens diversas.	
Nomes comerciais	• Rayon viscose, Cellophane.	
No Brasil	• Fabricado por Nitroquímica, SP.	
Observações	• A fibra de RC (Rayon viscose) é obtida pela precipitação em banho ácido da solução aquosa alcalina, viscosa, de xantato de celulose. A fibra resultante tem morfologia diferente da celulose natural; é maciça e de superfície estriada longitudinalmente, enquanto que a seção transversal é circular e serrilhada. Essas características morfológicas conferem ao tecido um caimento bastante diferente do tecido de algodão. • O filme de RC (Cellophane), muito higroscópico, é particularmente importante na embalagem de alimentos. As características de barreira aos gases e vapores da RC são completamente diferentes dos demais filmes sintéticos. • A grande qualidade do celofane é a sua resistência ao ataque por solventes e por ingredientes líquidos dos produtos embalados; também, como não contém qualquer aditivo, não modifica o paladar dos alimentos.	

Quadro 52 — Fibras de importância industrial: Acetato de celulose (CAc)

Precursor	Celulose nativa
Polímero	Acetato de celulose
Preparação	• Modificação química. Celulose, anidrido acético, ácido sulfúrico, ácido acético, 35°C
Propriedades	• Peso molecular: 8×10^4; d: 1,30 • Cristalinidade: variável; T_g: 114, 160°C; T_m: 235–300°C dec. • Material termoplástico. Boa resistência ao impacto. Transparência. Boas propriedades elétricas.
Aplicações	• Filmes em geral. Fibras têxteis. Aros de óculos. Filtro de cigarro. Fibras para a fabricação de fitas para embalagens de luxo e de malhas de *jersey*.
Nomes comerciais	• Rhodia, Kodapak, Tenite, Rhodoid.
No Brasil	• Fabricado por Rhodia (SP).
Observações	• Na produção industrial do CAc, primeiro ocorre a acetilação total da celulose e a seguir a hidrólise controlada. • As propriedades de CAc são definidas pelo grau de acetilação, definido como DS (*degree of substitution*). O produto comercial tem grau de substituição entre 2-2,5. • Para aplicação em artefatos, como material transparente, incolor e tenaz, CAc tem características gerais intermediárias entre PS e PMMA. CAc já foi muito utilizado na confecção de brinquedos e utensílios domésticos.

Quadro 53 — Fibras de importância industrial: Lã	
Precursor	Aminoácidos, principalmente os sublinhados
Polímero	Queratina (copoli-amida de <u>ácido</u> <u>glutâmico</u>, <u>cistina</u>, <u>leucina</u>, <u>isoleucina</u>, <u>serina</u>, <u>arginina</u>, treonina, prolina, ácido aspártico, valina, tirosina, glicina, alanina, fenil-alanina, lisina, histidina, triptofano e metionina)
Preparação	• Biogênese em carneiros, *Ovis aries*, cabritos, camelos, etc.
Propriedades	• Peso molecular: $6x10^4$; d: 1,32 • Cristalinidade: –; T_g: –; T_m: – • Material termorrígido físico. Bom isolante térmico. Moderada resistência à abrasão. Alta absorção de umidade. Baixa resistência térmica. Boa resistência à radiação ultravioleta.
Aplicações	• Vestuário. Tapeçaria.
Nomes comerciais	• Lã.
No Brasil	• Criação de rebanho ovino no Sul e Centro Oeste.
Observações	• A lã é uma proteína, queratina, cuja apresentação fibrilar, aspecto e seção transversal dependem da espécie animal. A superfície escamosa, mais ou menos delicada, do fio permite a formação de malhas leves, com muitos espaços vazios, que fornecem a textura e o isolamento térmico típico destes produtos.

Quadro 54 — Fibras de importância industrial: Seda	
Precursor	Aminoácidos, principalmente os sublinhados
Polímero	Fibroína (copoli-amida de <u>glicina</u>, <u>alanina</u>, <u>serina</u>, <u>tirosina</u>, valina, fenil-alanina, ácido aspártico, ácido glutâmico, leucina, isoleucina, treonina, arginina, prolina, triptofano, lisina, histidina e cistina)
Preparação	• Biogênese em mariposas, *Bombyx mori*.
Propriedades	• Peso molecular: $8x10^4$; d: 1,30 • Cristalinidade: –; T_g: –; T_m: 170°C dec. • Material termorrígido físico. Moderada reistência à abrasão. Alta absorção de umidade. Baixa resistência térmica. Baixa resistência à radiação ultravioleta.
Aplicações	• Vestuário.
Nomes comerciais	• Seda.
No Brasil	• Criação de mariposas em São Paulo.
Observações	• A seda é uma proteína, fibroína, que resulta da secreção da lagarta do bicho-da-seda, *Bombyx mori*, um tipo de mariposa da sub-família dos Bombicídius. Apresenta-se como filamentos duplos, contínuos, de fibroína, recobertos e mantidos unidos por uma camada de sericina, que é uma goma solúvel em água. O casulo é imerso em água quente para remoção da goma; o fio é desenrolado e processado. • A morfologia do fio de seda é facilmente reconhecível pela superfície longitudinal, cilíndrica, de diâmetro irregular, e seção transversal triangular, de ângulos arredondados, e aos pares.

Quadro 55 — Fibras de importância industrial: Poliacrilonitrila (PAN)

Monômero	$H_2C = CHCN$ Acrilonitrila (líquido); p.e.: 78°C
Polímero	$— (H_2C — CHCN)_n —$ Poliacrilonitrila
Preparação	• Poliadição em lama. Monômero, persulfato de potássio / metabissulfito de sódio, água, 50°C
Propriedades	• Peso molecular: 10^5; d: 1,18 • Cristalinidade: baixa; T_g: 105°C; T_m: 250°C dec. • Material termoplástico. Alta resistência mecânica e química.
Aplicações	• Fibras têxteis macias e leves como lã. Precursor para a fabricação de fibra de carbono.
Nomes comerciais	• Acrilan, Orlon, Dralon.
No Brasil	• Fabricado por Celanese (BA) e Rhodia (SP).
Observações	• PAN é transformável em fibra por dissolução em dimetilformamida e fiação, com eliminação do solvente a vácuo. • Fibras de PAN são precursoras de fibras de carbono através de aquecimento gradativo até 1.200°C, em atmosfera oxidativa/inerte, por tempo prolongado. Fibras de carbono apresentam excepcional associação de baixo peso e alta resistência mecânica; têm grande aplicação em compósitos de cor negra, empregados nas indústrias aeronáutica e aeroespacial; em materiais para esporte e lazer, como aerofólios de carro de corrida, bases de esqui, aros de raquete de tênis.

Quadro 56 — Fibras de importância industrial: Policaprolactama (PA-6)

Monômero	ε-Caprolactama (sólido); p.f.: 64°C
Polímero	Policaprolactama
Preparação	• Poliadição em massa. Monômero, traços de água, 270°C
Propriedades	• Peso molecular: 2×10^4; d: 1,12–1,15 • Cristalinidade: variável; T_g: 40°C; T_m: 223°C • Material termoplástico. Elevada resistência mecânica e química. Boa resistência à fadiga, à abrasão e ao impacto. Absorção de umidade.
Aplicações	• Como fibra: Tapetes, carpetes. Roupas. Meias. Fios de pesca. Cerdas de escova. • Como artefato: Engrenagens. Material esportivo. Rodas de bicicleta. Conectores elétricos. Componentes de eletrodométicos e de equipamentos de escritório. • Como filme: Embalagens para alimentos.
Nomes comerciais	• Grilon, Grilamid, Capron, Nytron, Ultramid.
No Brasil	• Fabricado por Nitrocarbono (BA) e Rhodia (SP).
Observações	• PA-6 é um caso particular de polamida em que a perda de água para a policondensação do aminoácido (ácido ε-aminocapróico) é feita preliminarmente, gerando monômero cíclico (ε-caprolactama), cuja reação de polimerização é mais simples, envolvendo apenas a abertura do anel. É um dos plásticos de engenharia mais importantes.

	Quadro 57 — Fibras de importância industrial: Poli(hexametileno-adipamida) (PA-6.6)
Monômeros	$HOOC — (CH_2)_4 — COOH$ $H_2N — (CH_2)_6 — NH_2$ Ácido adípico (sólido); Hexametileno-diamina (sólido); p.f.: 152°C p.f.: 40°C
Polímero	Poli(hexametileno-adipamida) $\text{vvv}\ C — (CH_2)_4 — C — N — (CH_2)_6 — N\ \text{vvv}$ (com O em ligação dupla e H)
Preparação	• Policondensação em massa. Sal do monômero, 275°C
Propriedades	• Peso molecular: $2x10^4$; d: 1,14 • Cristalinidade: variável; T_g: 52^0C; T_m: 265°C • Material termoplástico, semelhante à PA-6.
Aplicações	• Semelhantes às de PA-6.
Nomes comerciais	• Zytel, Technyl, Ultramid.
No Brasil	• Fabricado por Rhodia (SP).
Observações	• PA-6.6 é um dos plásticos de engenharia mais importantes. Sua facilidade de processamento é vantajosa na fabricação de componentes de peças na indústria de informática e eletro-eletrônica. • Na fabricação de poliamidas, é importante considerar a reatividade do diácido e da diamina, porque daí decorre a proporção dos reagentes e, conseqüentemente, o tamanho do polímero. As reações de esterificação e de amidação são reversíveis, e o deslocamento do equilíbrio deve ser provocado pelo aumento da massa dos reagentes. • O ácido adípico e a hexametilenodiamina formam um sal sólido (sal de Nylon), em proporção equimolecular, empregado como pré-polímero na fabricação da PA-6.6.

Quadro 58— Fibras de importância industrial: Poli(tereftalato de etileno) (PET)

Monômeros	$HOOC - C_6H_4 - COOH$ (H_3C) $\qquad$ (CH_3) $\qquad$ $HO - CH_2CH_2 - OH$ Tereftalato de dimetila (sólido); $\qquad$ Glicol etilênico (líquido); p.f.: 140°C $\qquad$ p.e.: 197°C
Polímero	$- (OOC - C_6H_4COO - CH_2CH_2)_n -$ Poli(tereftalato de etileno)
Preparação	• Policondensação em massa. Monômeros, acetato de cálcio, trióxido de antimônio, 280°C
Propriedades	• Peso molecular: 4×10^4; d: 1,33–1,45 • Cristalinidade: variável; T_g: 70–74^{0}C; T_m: 250–270°C • Material termoplástico. Brilho. Alta resistência mecânica, química e térmica. Baixa permeabilidade a gases.
Aplicações	• Como fibra: Na indústria têxtil, em geral. Mantas para filtros industriais e para contenção de encostas. • Como artefato: Componentes nas indústrias automobilística, eletro-eletrônica. Embalagem de alimentos, cosméticos e produtos farmacêuticos. Frascos para bebidas gaseificadas. • Como filme: Fitas magnéticas. Em radiografia, fotografia e reprografia.
Nomes comerciais	• Dacron, Mylar, Techster, Terphane, Bidim.
No Brasil	• Fabricado por Rhodia-Ster (MG), Fibra (SP), Hoechst (SP) e DuPont (SP).
Observações	• PET pode ser apresentado no estado amorfo (transparente), parcialmente cristalino e orientado (translúcido) e altamente cristalino (opaco). • A maior aplicação de PET é em garrafas descartáveis de refrigerante. O volume de plástico consumido constitui um problema de poluição ambiental, que atualmente vem sendo enfrentado com firmeza.

Bibliografia recomendada

- *L. Rebenfeld — "Fibers", in H.F. Mark, N.M. Bikales, C.G. Overberger & G. Menges, "Encyclopedia of Polymer Science and Engineering", V.6, John Wiley, New York, 1986, pág. 647-733.*

- *J.E. McIntyre — "Fibers, Manufacture", in H.F. Mark, N.M. Bikales, C.G. Overberger & G. Menges, "Encyclopedia of Polymer Science and Engineering", V.6, John Wiley, New York, 1986, pág. 802-839.*

- *W.J. Roff & J.R. Scott — "Fibres, Films, Plastics and Rubbers", Butterworth, London, 1971.*

- *SENAI, CETIQT, CNI, DAMPI — "Glossário Têxtil e de Confecção", Rio de Janeiro, 1986.*

- *E.B. Mano — "Polímeros como Materiais de Engenharia", Edgard Blücher, São Paulo, 1991.*

15

OS POLÍMEROS NA COMPOSIÇÃO DE ADESIVOS INDUSTRIAIS

A junção perfeita de peças, de materiais iguais ou diferentes, através de suas superfícies é freqüentemente exigida, tanto a nível industrial quanto a nível doméstico, e pode constituir-se em problema muitas vezes aparentemente insolúvel. Para ocorrer a junção é preciso haver primeiro o contato, que será tanto melhor quanto mais facilmente deformáveis forem os materiais a serem unidos, ou se intercalar um terceiro elemento, deformável, que preencha as deficiências de contato entre as superfícies, isto é, uma *gaxeta* ("gasket") ou um *adesivo* ("adhesive").

São duas as maneiras gerais de se conseguir junção satisfatória de dois materiais: *sem adesivo* e *com adesivo*.

Os sistemas sem adesivo podem ser binários ou ternários. Em *sistemas sem adesivo, binários*, apenas existem os substratos, na forma adequada, complementar, que possibilite o encaixe mecânico. Pode-se produzir encaixe gerando superfícies complementares, como nos armários embutidos. Outro exemplo de junção por encaixe são duas lâminas de vidro, unidas por compressão. A fim de aumentar a superfície de contato, e assim conseguir maior probabilidade de encaixe perfeito, pode-se esmerilhar a superfície; por exemplo, rolhas de vidro de perfume, ou tampas de dessecador. No caso de tubos ou bastões, metálicos ou de plástico, pode-se também aplicar uma solução alternativa, acrescentando rosca. A eletrodeposição de camada molecular de metais sobre a superfície de peças plásticas é ainda outro exemplo de junção em sistemas binários, sem adesivo.

Quando, em sistemas binários, sem adesivo, os substratos são idênticos e confeccionados com material fusível, a junção pode ser promovida por *auto-adesão*, por simples aquecimento das superfícies complementares. Por exemplo, blocos soldados de polímero–polímero, gelo-gelo ou metal–metal. Dispensa-se, assim, a necessidade de as superfícies serem exatamente complementares em forma. Isso seria também desnecessário, no caso em que os materiais fossem facilmente deformáveis por pressão, tais como cortiça, madeira macia e porosa, borracha; ou, por outro lado, que os materiais fossem sensíveis ao calor, como no caso de solda autógena de metais ou de plásticos; ou fusão superficial e pronta junção de blocos de gelo; ou laminação de metais.

No caso de plásticos, o processo de obter a junção das peças por auto-adesão é conhecido como "hot melt".

Nos *sistemas sem adesivo, ternários*, os substratos devem ter forma adequada; sua união pode ser promovida pela colocação de um terceiro elemento, que pode ser macio, como uma gaxeta, ou rígido, como um rebite, pino, parafuso ou prego. Em qualquer dos casos, o conjunto precisa ser mantido sob pressão. Como exemplo, pode ser citada a colocação em porta de geladeira de uma gaxeta oca de PVC plastificado, contendo em seu interior uma placa de material magnético, para manter unida a porta ao corpo metálico da peça. A colocação de fina camada de vaselina ou graxa em superfícies esmerilhadas ou um fio de barbante enrolado em um junta de rosca, são exemplos adicionais.

Em *sistemas com adesivo, ternários*, as superfícies dos substratos, sobre as quais será aplicado o adesivo, devem estar perfeitamente limpas e também ter forma adequada, complementar. O elemento de ligação pode ser um polímero já formado, solúvel, ou fusível ("hot melt"), ou emulsionável, ou ainda ser um pré-polímero "curável", reticulável durante o processo de adesão dos dois substratos. É necessário manter o conjunto sob compressão até que se consolide a junta adesiva. Como exemplos de junção de superfícies promovida por polímeros solúveis, fusíveis ou emulsionáveis, pode-se mencionar a fixação de partes de móveis, a colocação do dorso de livros, a reconstituição de objetos e a fabricação de grandes adereços para decoração.

A junção promovida por pré-polímero reticulável tem grande importância nas indústrias mais sofisticadas, relacionadas a componentes de microeletrônica e envolvendo robôs. Para que possa ser aproveitada em sua plenitude, a robotização–característica do desenvolvimento industrial do final do século XX — exige miniaturização e absoluta precisão. Peças de equipamentos eletro-eletrônicos são totalmente montadas pela colocação instantânea de uma microgota de adesivo, seguida imediatamente da sobreposição da peça complementar.

O **Quadro 59** reúne, de modo condensado e didático, as informações acima, referentes à junção de superfícies rígidas.

A fim de evitar a ambigüidade de conceitos e assim permitir a melhor compreensão dos fenômenos envolvidos no estudo de adesivos, são apresentados a seguir alguns termos técnicos e seu significado usual, do modo como são empregados na literatura especializada.

Adesivo é uma substância que, aplicada como camada fina, é capaz de manter dois materiais juntos por união de suas superfícies. O adesivo deve ser homogêneo e molhar o substrato. A uniformidade de textura evita a formação de pontos de concentração de forças, que baixam a resistência mecânica. Os adesivos apresentam uma série de vantagens quanto ao seu uso: permitem unir materiais diferentes; distribuem bem as tensões na região de junção; oferecem boa resistência às agressões ambientais; permitem a manutenção do peso do sistema não-ligado; apresentam facilidade de aplicação; e por fim, acarretam redução de custos.

Aderendos ("adherends") são os materiais que têm suas superfícies unidas através de um adesivo. Constituem um caso particular de *substrato* ("substratum"), que é a denominação geral dada a todo material sobre o qual uma camada de revestimento é espalhada, qualquer que seja a sua função.

Adesão ("adhesion") é o fenômeno que mantém superfícies juntas através de forças interfaciais; pode ser definida como a força de atração, ou energia de ligação, entre moléculas. Essas forças interfaciais podem ser mecânicas (encaixe), eletrostáticas (cargas elétricas), ou de atração molecular (forças de valência). O conjunto ternário substrato-adesivo-substrato constitui a *junta adesiva*; requer a adesão entre as interfaces do adesivo e do substrato, e a coesão da camada do adesivo. A junta adesiva deve ter resistência e flexibilidade próximas às dos substratos. O desempenho da adesão é avaliado pela força correspondente ao trabalho de separação da junta adesiva. Para uma boa adesão, os substratos devem apresentar superfícies tão polidas quanto possível, idealmente a nível molecular.

Coesão ("cohesion") é o fenômeno que mantém juntas as partículas de uma substância, através de forças de valência primárias ou secundárias. A força coesiva de um adesivo polimérico depende do tamanho molecular, da organização macromolecular e da uniformidade supermolecular.

Quadro 59 — Junção de superfícies rígidas

Tipo de junção	Características				Exemplos
	Sistema	Substratos	Promotor da junção	Modo de promover a junção	
Sem adesivo	Binário	Forma adequada	—	Encaixe	• Vidro esmerilhado • "Velcro"
		Material fusível	—	Auto-adesão	• Bloco gelo–gelo • Bloco metal–metal
	Ternário	Forma adequada	Gaxeta	Compressão	• Guarnição de porta de geladeira • Tampa de tanque de combustível em carros
			Rebite, pino, parafuso, prego		• Estruturas metálicas • Estruturas de madeira
Com adesivo	Ternário	Forma adequada	Polímero solúvel ou fusível	Compressão	• Partes de móveis • Dorso de livros
			Polímero emulsionável		• Reparo de objetos • Adereços
			Pré-polímero curável		• Montagem por robôs em microeletrônica

Adesão e *coesão* são fenômenos obtidos pela união das partículas por forças de valência, primárias e/ou secundárias.

Molhabilidade ("wettability") é a propriedade que um material líquido tem de se espalhar sobre a superfície de qualquer sólido, promovendo íntimo contato entre ambos. Se as moléculas do adesivo têm mais atração por elas mesmas do que pela superfície do sólido, elas tendem a não contactar inteiramente o sólido. O *ângulo de contato* θ ("contact angle") permite quantificar a afinidade do líquido pelo sólido. É nulo quando a molhabilidade é perfeita, e indica a máxima afinidade do adesivo pelo substrato.

Para uma boa adesão, o adesivo deve apresentar no momento de sua aplicação uma energia de coesão menor que a energia de adesão, isto é, deve ser fluido o suficiente para molhar toda a superfície de contato do substrato, sem deixar bolhas de ar, que atuariam como focos de tensão, enfraquecendo a junta adesiva. O adesivo deve ter afinidade química pelo substrato. Deve ser tão homogêneo quanto possível. Após a consolidação, deve tornar-se um material de resistência mecânica e química adequada a suportar os esforços para os quais a junta foi projetada.

Os substratos devem apresentar superfícies perfeitamente limpas, tão polidas quanto possível. No entanto, todas as superfícies são muito grosseiras, quando consideradas a nível molecular, mesmo se tiverem sido polidas ao máximo, pelos melhores métodos disponíveis.

Apenas monocristais (mica, diamante) dão origem a superfícies verdadeiramente planas — se o corte da peça houver sido feito ao longo do plano de clivagem e em alto vácuo. As irregularidades das superfícies provêm de protuberâncias e reentrâncias, causadas por aglomerados de átomos ou moléculas, e correspondem a buracos (ou cavidades), ou fendas, assim como a moléculas de substâncias adsorvidas (como oxigênio, água, gás carbônico, óleos, graxas).

As superfícies devem estar desempoeiradas e desengorduradas; as partículas de poeira e de gordura, caso estejam presentes, atuariam como substrato a ser ligado ao adesivo, prejudicando sua eficiência. As superfícies metálicas usuais têm microondulações, com desníveis de 0,5 mm, o que equivale a 1.500 vezes o diâmetro da molécula da água. Mesmo em uma superfície com o polimento de espelho, há flutuações em torno de 0,02 μm, correspondentes a cerca de 70 vezes o diâmetro da molécula da água.

A força de separação das peças, após a sua adesão, é 6—8 vezes menor do que se poderia predizer pelas forças de ligação interatômica e intermolecular, devido a falhas na junta que provocam tensões, destruindo a sua resistência potencial. Exemplificando, sabe-se que toda uma área de $20x10^{-16}$ cm^2 é necessária para acomodar uma simples cadeia de polietileno linear. Portanto, 1 cm^2 poderá ter $5x10^{14}$ cadeias, e então a força para quebrar 1 cadeia será da ordem $2,5x10^5$ kg/cm^2. Mas isso somente seria válido se a película de polietileno estivesse completamente compactada, com regularidade, sem falhas ou descontinuidades.

A forma geométrica das superfícies que vão ser unidas deve ser compatível com as forças que vão suportar. Deve-se evitar a aplicação de esforços que provoquem o descascamento da película de adesivo.

Os adesivos constituem uma faceta relevante do vasto campo de aplicações industriais dos polímeros. A sua importância não é traduzida pela quantidade de material produzido anualmente no mundo, porém pelas suas características especiais, que lhes conferem uma posição de destaque no desenvolvimento da sociedade moderna.

Os adesivos podem ser classificados segundo a origem. Podem ser naturais, semi-sintéticos e sintéticos. Os *adesivos naturais* podem ser obtidos de fontes *animais*, (por exemplo, peixes, ossos, etc.); *vegetais* (como dextrina, amido, goma arábica, etc.); e *minerais* (como por exemplo os silicatos).

Os *adesivos semi-sintéticos* são derivados dos produtos naturais que sofreram modificação química, como por exemplo nitrato de celulose, PU baseado em *óleo de mamona* ("castor oil"), etc.

Os *adesivos sintéticos* são formados através de reações de poliadição e policondensação, como por exemplo PVAc, copolímeros acrílicos, ER, PU, UR, etc.

O estado de agregação de um adesivo permite distribuí-los em 3 categorias: *adesivo no estado fundido* ("hot melt"), *em solução* e *em emulsão*.

Sob o ponto de vista da finalidade de aplicação, os adesivos podem ser classificados em permanentes e temporários. Os *adesivos permanentes* têm a função de manter duas superfícies juntas, com alta resistência ao cisalhamento, à tensão ou ao descascamento; por exemplo, a adesão de metal a metal. Os *adesivos temporários* ou *sensíveis à pressão* ("pressure sensitive adhesives", PSA) têm a função de unir temporariamente duas superfícies e não requerem resistência significativa a esforços externos, porém devem apresentar *pegajosidade* ("tackiness", "stickiness"). Por exemplo, fita adesiva, esparadrapo, rótulos, etc.

No estudo de composições adesivas é importante o conhecimento dos fenômenos reológicos, isto é, relativos a deformação e escoamento da matéria, conforme já comentado no **Capítulo 10**. O controle reológico é essencial para a produção e processamento de numerosos materiais poliméricos.

Os principais polímeros industrializados como adesivos estão reunidos no **Quadro 60**, e são os seguintes: EVA, UR, PVF e PVB. Informações específicas sobre cada um desses polímeros se encontram nos **Quadros 61, 62, 63** e **64**, apresentados a seguir.

Alguns polímeros que possuem boas qualidades como adesivos são também bastante empregados em composições de revestimento: PVAc e PBA (Capítulo 16). Outros polímeros, utilizados como adesivos porém não sendo esta a sua principal aplicação, já foram ou serão tratados individualmente em outros capítulos deste livro. São os seguintes: NR, SBR, CR, NBR e PDMS **(Capítulo 12)**; PU, PVC e PR **(Capítulo 13)**; PA **(Capítulo 14)** e PVAl **(Capítulo 18)**.

É interessante acrescentar algumas informações sobre um adesivo de características muito especiais e amplo espectro de aplicações, porém de baixo volume de consumo e custo elevado. Trata-se dos adesivos de *cianoacrilato de metila*, $H_2C=C(CN)(COOCH_3)$. São adesivos cujo componente fundamental não é um polímero; é um monômero muito reativo, que polimeriza quase instantaneamente na junta adesiva, sem a necessidade de catalisador, aquecimento ou pressão. Os substituintes do grupo vinila do cianoacrilato de metila atraem elétrons e diminuem a densidade eletrônica da dupla ligação, favorecendo a iniciação aniônica. Mesmo bases muito fracas, como água e álcoois, e temperaturas baixas são condições suficientes para iniciar a reação de polimerização do cianoacrilato de metila com uma imensa variedade de substratos.

A polimerização *in situ* é facilitada pelo espalhamento do adesivo, isto é, o monômero, como uma película fina sobre o substrato. O cianoacrilato de metila é muito fluido; para facilidade de uso, as composições adesivas são formuladas com espessantes, como sílica, além de plastificantes e estabilizadores, resultando fluidos viscosos, brancos. O plastificante evita que a junta adesiva fique quebradiça com o tempo. Ácidos de Lewis são inibidores da polimerização. Metais, vidro, cerâmica, borrachas, couros, plásticos que têm fraca reação básica ou adsorvem umidade, etc., fornecem o catalisador para a reação de polimerização do cianoacrilato de metila sobre o substrato.

Os adesivos de cianoacrilato oferecem as seguintes vantagens: rápido tempo para ocorrer a adesão; capacidade de aderir a substratos os mais diversificados; elevada força adesiva; juntas incolores e firmes; ausência de catalisador; baixo encolhimento; boa resistência às condições ambientais; alta eficiência ($0,5$ gota por cm^2). Suas desvantagens incluem: baixa estabilidade ao armazenamento; alto custo; dificuldade de preenchimento de irregularidades na superfície do substrato; baixa resistência ao impacto; baixa resistência à umidade, a ácidos e a alcális; baixa viscosidade do adesivo, o que exige técnica especial de aplicação. O produto comercial mais conhecido é o *SuperBonder*, fabricado pela Intercontinental Chemical Co.

Quadro 60 — Polímeros industriais mais importantes em adesivos			
Sigla	Nome	Processo de polimerização	Quadro (n.º)
EVA	Copolímero de etileno e acetato de vinila	· Poliadição	61
UR	Resina ureica	Policondensação	62
PVF	Poli(vinil-formal)	Modificação química	63
PVB	Poli(vinil-butiral)	Modificação química	64

	Quadro 61 — Polímeros em adesivos de importância industrial: Copolímero de etileno e acetato de vinila (EVA)	
Monômeros	$H_2C = CH_2$ Etileno (gás); p.e.: $-104°C$	$H_2C = CHOAc$ Acetato de vinila (líquido); p.e.: $73°C$
Polímero	Copolímero de etileno e acetato de vinila $+\!(CH_2 — CH_2 \rightarrow\!)_x \, +\!(CH_2 — CH)\!\!+_y$ $\qquad\qquad\qquad\qquad |$ $\qquad\qquad\qquad\quad O — C — CH_3$ $\qquad\qquad\qquad\qquad \|\|$ $\qquad\qquad\qquad\qquad O$	
Preparação	• Poliadição em massa. Monômero, peróxido, oxigênio, $200°C$, 15000 psi.	
Propriedades	• Peso molecular: $5x10^4$; d: 0,93-0,95; ramificado • Cristalinidade: variável; T_g: –; T_m: – • Material termoplástico. Boa adesividade. Pouca pegajosidade. Propriedades mecânicas variáveis. Bom desempenho a baixas temperaturas.	
Aplicações	• Teor de acetato de vinila: 25–40% em adesivos do tipo fundido. Boa adesão a substratos polares. Solados celulares e flexíveis. Encadernação de livros, caixas de papelão, selagem de caixas.	
Nomes comerciais	• Ultrathene, Elvax.	
No Brasil	• Fabricado por OPP Poliolefinas (SP, RS), Union Carbide (SP), Politeno (BA), Triunfo (RS).	
Observações	• EVA alia as vantagens do LDPE, acrescida de alguma polaridade, que varia conforme a finalidade a que se destina o produto. • EVA é usado como adesivo sensível à pressão (PSA). • Em formulações adesivas, o aumento de pegajosidade é conseguido pela presença de breu, resinas terpênicas, etc.	

126 INTRODUÇÃO A POLÍMEROS

Quadro 62 — Polímeros em adesivos de importância industrial: Resina ureica (UR)	
Monômeros	OCNH$_2$(NH$_2$) HCHO Uréia (sólido); p.f.: 133°C Aldeído fórmico (gás); p.e.: –21°C
Polímero	Resina ureica $$\begin{array}{c} C=O C=O \\ -N-CH_2-N-CH_2-N-CH_2-N-CH_2-N- \\ C=O C=O C=O \\ N-CH_2-N-CH_2-N-CH_2-N-CH_2-N- \\ C=O C=O C=O \end{array}$$
Preparação	• Policondensação em solução. Monômeros (com excesso de aldeído fórmico), água, ácido, 50°C • Policondensação em solução. Monômeros (com excesso de uréia), água, base, 65°C.
Propriedades	*Antes da reticulação:* • Produtos oligoméricos, peso molecular: 10^2; d: 1,50 *Após a reticulação* (em meio ácido): • Material termorrígido. Boa resistência mecânica, química e térmica.
Aplicações	• Adesivos para madeira. Placas de compensado para móveis. Composições para revestimentos como vernizes e tintas.
Nomes comerciais	• Cascamite UF, Sinteko, Pollopas, Beetle.
No Brasil	• Fabricado por Alba (SP), Elf Atochem (SP/PR), Placas do Paraná (PR).
Observações	• UR pode conter carga branca, de α-celulose, para a moldagem de peças semelhantes às de PR, porém sem os inconvenientes do odor e da limitação de cor. • A proporção entre a uréia e o aldeído fórmico determina a formação de monometilol-uréia ou dimetilol-uréia, que sofrem desidratação e acarretam a reticulação do polímero.

Quadro 63 — Polímeros em adesivos de importância industrial: Poli(vinil-formal) (PVF)	
Precursor	— $(H_2C — CHOAc)_n$ — Poli(acetato de vinila)
Polímero	Poli(vinil formal)
Preparação	• Modificação química, em solução. Poli(acetato de vinila), água, ácido acético, ácido sulfúrico, aldeído fórmico, 65-90°C
Propriedades	• Peso molecular: 10^4–$5x10^5$; d: 1,20 • Cristalinidade: amorfo; T_g: 105°C; T_m: 200°C dec. • Material termoplástico. Adesividade. Boa resistência à abrasão. Brilho.
Aplicações	• Em composições adesivas e de revestimentos.
Nomes comerciais	• Formvar.
No Brasil	• Não é fabricado.
Observações	• PVF é preparado a partir da metanólise de poli(acetato de vinila) e posterior acetalização com aldeído fórmico. O produto comercial apresenta-se 90% acetalizado. • A presença de grupos residuais acetila e hidroxila, além dos anéis acetálicos, propiciam ao PVF boa solubilidade em solventes orgânicos além de compatibilidade e boa adesividade a vidro, madeira, metais, etc. • PVF tem boa resistência às intempéries e ao ataque por insetos e micro-organismos.

128 INTRODUÇÃO A POLÍMEROS

Quadro 64 — Polímeros em adesivos de importância industrial: Poli(vinil-butiral) (PVB)

Precursor	— $(H_2C - CHOAc)_n$ — Poli(acetato de vinila)
Polímero	Poli(vinil butiral)
Preparação	• Modificação química, em solução. Poli(acetato de vinila), etanol, ácido sulfúrico, aldeído butírico, 60–80°C.
Propriedades	• Peso molecular: 10^4–5×10^5; d: 1,20 • Cristalinidade: amorfo; T_g: 105°C; T_m: 200°C dec. • Material termoplástico. Boa flexibilidade. Boa adesividade. Boa resistência à abrasão. Brilho.
Aplicações	• Em composições adesivas e de revestimentos. Como camada intermediária em vidros de segurança. Chapas flexíveis. "Primer" em metais.
Nomes comerciais	• Butvar.
No Brasil	• Não é fabricado.
Observações	• PVB é preparado a partir da metanólise de poli(acetato de vinila) e posterior acetalização com aldeído fórmico. O produto comercial apresenta-se com cerca de 2% de grupos acetato, 22% de grupos hidroxila e 76% de grupos acetal. • PVB plastificado é usado como camada intermediária em vidros de segurança para janelas de carros e ônibus; forma filmes fortes e flexíveis, altamente aderentes, entre as lâminas de vidro. Mesmo após violento choque, a folha de PVB mantém-se aderida aos inúmeros estilhaços.

Bibliografia recomendada

- *W.E. Daniels — "Vinyl Ester Polymers", in H.F. Mark, N.M. Bikales, C.G. Overberger and G. Menges, "Encyclopedia of Polymer Science and Engineering", V.17, John Wiley, New York, 1989, pág. 393-445.*

- *T.P. Blomstrom — "Vinyl Acetal Polymers", in H.F. Mark, N.M. Bikales, C.G. Overberger and G. Menges, "Encyclopedia of Polymer Science and Engineering", V.17, John Wiley, New York, 1989, pág. 136-167.*

- *S.C. Temin — "Adhesive Compositions", in H.F. Mark, N.M. Bikales, C.G. Overberger and G. Menges, "Encyclopedia of Polymer Science and Engineering", V.1, John Wiley, New York, 1985, pág. 547-577.*

- *I.H. Updegraff — "Amino Resins", in H.F. Mark, N.M. Bikales, C.G. Overberger and G. Menges, "Encyclopedia of Polymer Science and Engineering", V.1, John Wiley, New York, 1985, pág. 752-789.*

- *W.J. Roff & J.R. Scott — "Fibres, Films, Plastics and Rubbers", Butterworth, London, 1971.*

- *E.B. Mano — "Polímeros como Materiais de Engenharia", Edgard Blücher, São Paulo, 1991.*

OS POLÍMEROS NA COMPOSIÇÃO DE TINTAS INDUSTRIAIS

A proteção de superfícies vem sendo utilizada desde tempos imemoriais. Produtos naturais que contêm polímeros em sua composição, como cera de abelha, piche, breu, âmbar e goma arábica, já eram conhecidos pelos antigos egípcios e gregos, que os usavam combinados a certos minerais coloridos para preparar revestimentos com finalidades arquitetônicas. Na Idade Média, o óleo de linhaça era aquecido com resinas naturais, o que causava oxidação e polimerização, resultando em produtos adequados à preparação de composições de revestimento diversificadas, muitas das quais ainda hoje persistem em boas condições. O **Quadro 65** mostra os eventos históricos marcantes no desenvolvimento dessas composições.

Foi a partir do início do século XX que ocorreu o grande desenvolvimento tecnológico das composições de revestimento e matérias-primas afins. A associação de produtos de origem vegetal com produtos da indústria carboquímica permitiu o surgimento de novas e mais eficazes películas protetoras. Atualmente, as composições de revestimento representam uma das mais importantes e diversificadas áreas de aplicação dos polímeros.

Considerando o binômio custo-benefício, as composições de revestimento constituem provavelmente o produto industrial mais eficiente. Por exemplo, uma película com 75 mm de espessura representa somente 0,8% do valor total de um carro popular, e ainda assim, o protege da corrosão. Além disso, provê cor e aspecto atraentes. Uma película com espessura de um décimo de um fio de cabelo humano protege da corrosão uma lata de alimentos, mantém o sabor do produto e embeleza a lata, tudo isto com um custo total não superior a 0,4% do valor de venda da mercadoria ao consumidor.

Composição de revestimento ("coating") consiste de um material polimérico, resinoso, dissolvido ou disperso em solventes, podendo conter ainda pigmentos, corantes e aditivos diversos, conforme o propósito a que se destinam. Se uma composição de revestimento possui apenas pigmentos, solventes e aditivos (água de cal, por exemplo, usada na pintura de proteção do tronco de árvores), as características primárias da película resultante praticamente não existirão e o recobrimento terá somente uma função protetora ou estética. Assim, é fundamental a presença do polímero como formador de película na composição de revestimento. Componente volátil, pigmentos e aditivos atuam como agentes coadjuvantes, melhorando suas características.

As principais características tecnológicas necessárias para que as composições de revestimento possam cumprir seus objetivos de proteção e estética durante longos períodos são: boa adesão ao substrato; boa resistência à permeabilidade a vapores, em especial ao vapor d'água; boa resistência à abrasão; boa resistência a agentes químicos ácidos e alcalinos; boa

Quadro 65 — Eventos históricos no desenvolvimento das composições de revestimento		
Data	Local	Evento
15000 AC	Europa	Primeiras pinturas encontradas nas cavernas de Lascaux (França) e Altamira (Espanha)
8000-6000 AC	Egito	Primeiro pigmento sintético: "Egyptian blue". Aglutinantes das composições de revestimentos: clara de ovo, gelatina e cera de abelha
1500 AC	Egito	Primeiros aglutinantes para revestimentos protetores de barcos: alcatrão e bálsamo
1000 AC	Egito	Desenvolvimento de vernizes a partir de goma de *Acacia* (goma arábica)
1120-220 AC	China Japão Coréia	Utilização de lacas para decoração de edifícios, carruagens, arreios e armas
1790	Inglaterra	Primeira fábrica de vernizes
1867	Inglaterra	Primeira tinta comercializada
1909	Inglaterra	Primeira resina sintética: PR
1920-1925	—	Desenvolvimento de CN e CAc e de resinas alquídicas para composições de revestimento
1933	—	Desenvolvimento de polímeros vinílicos PVC, PVAc, PVAI, acrílicos
1952-1955	—	Desenvolvimento de ER e PU

resistência às condições climáticas. Além disso, a película polimérica deve possuir propriedades elastoméricas e resistir às expansões e contrações do substrato, sem sofrer trincas ou destacamento.

A *tinta* ("paint") é a principal composição de revestimento e recebe as denominações específicas de *verniz, laca, esmalte* e *tinta-de-base*, conforme os constituintes presentes em sua formulação.

Verniz ("varnish") é uma tinta transparente, colorida ou não, sem pigmento. Essa característica distingüe o verniz das demais composições de revestimento.

Laca ("lacquer") é uma tinta opaca, pigmentada, colorida ou não; seu componente-base é um polímero ou uma resina, solúvel e fusível, não-reativo, com elevado peso molecular, já adequado às características finais da película.

Esmalte ("enamel") é uma tinta opaca, pigmentada, colorida ou não; seu componente-base é um polímero ou uma resina, solúvel e fusível, porém reativo e de peso molecular relativamente baixo; durante a evaporação do solvente, ocorre uma reação química que reticula o polímero, tornando a película insolúvel e infusível. Essa é uma diferença fundamental entre esmalte e laca.

Tinta-de-base ("primer") é uma tinta opaca, caracterizada por apresentar alto teor de pigmento; tem ação compatibilizante entre o substrato e a camada subseqüente de tinta de acabamento. A tinta-de-base se diferencia das demais composições de revestimento, pela elevada quantidade de sólidos que contêm (40-50%, contra cerca de 20% nas demais composições).

O **Quadro 66** reúne os tipos de tinta e seus constituintes principais, que são o componente-base, o componente volátil, o pigmento e o aditivo.

O *componente-base* é um produto macromolecular. Atua como *agente aglutinante* ("binder") dos demais constituintes da formulação. É o principal responsável pelas características primárias da película, tais como a flexibilidade, a resistência ao risco, o brilho, a adesividade ao substrato, a proteção por barreira ao vapor d'água e a resistência à exposição ambiental. É importante observar que as propriedades mecânicas da película crescem com o peso molecular do polímero utilizado. Por outro lado, a viscosidade das soluções empregadas nas composições de revestimento também aumentam com o peso molecular do polímero, e dependem da sua natureza química, bem como do solvente empregado. Em outras palavras, para a mesma viscosidade de aplicação da tinta, quanto maior o peso molecular do componente-base, menor será sua concentração admitida em solução.

Nas formulações de tintas, uma das principais metas do tecnólogo é obter a máxima concentração de polímero na viscosidade adequada de aplicação da solução. Dessa maneira, é preciso balancear propriedades mecânicas da película resultante e a concentração do componente-base em solução, de modo a resultar composições de revestimento tecnicamente viáveis. Isso é alcançado utilizando-se polímeros de peso molecular intermediário, solúveis, não-reativos, como nas lacas, ou ainda empregando oligômeros reativos, como no caso dos esmaltes. Em conseqüência, as lacas podem conter de 20-30% de componente-base, enquanto os esmaltes podem atingir até 50%, para se obter uma mesma viscosidade.

O *componente volátil* é um fluido com ação solvente ou diluente, geralmente orgânico, ou mistura, ou água. A função primordial do componente volátil é permitir a obtenção de um produto de viscosidade adequada à aplicação da tinta através de métodos convencionais (trincha, rolo, pistola, etc.). Sua escolha tem influência fundamental sobre as propriedades da película.

Quadro 66 — Classificação das tintas				
Tinta	Componente-base	Componente volátil	Pigmento	Aditivo
Verniz	Polímero, resina e oligômero (reativos ou não)	Solvente ou diluente	Ausente	Plastificante, agente anti-UV, dispersante, bactericida, secante.
Laca	Polímero e resina (não reativos) de alto peso molecula		Metálico, anticorrosivo, fluorescente	
Esmalte	Polímero, resina e oligômero (reativos) de baixo peso molecular			
Tinta de base	Polímero, resina e oligômero (reativos ou não)		Alto teor de anticorrosivo	

Em bons solventes termodinâmicos, as moléculas do polímero estão estendidas; as interações polímero-polímero entre longos segmentos de diferentes moléculas acarretam a formação de um filme forte. Por outro lado, em maus solventes termodinâmicos, as moléculas tendem a se enrolar como novelos ("coil"), e os filmes resultantes são fracos.

A má seleção dos fluidos constituintes da fase volátil pode levar a um filme fraco e/ou quebradiço, ou até mesmo à não-formação de filme, partindo do mesmo componente-base. Por exemplo, quando a fase volátil é constituída por um bom solvente e um diluente, e o primeiro exibe maior velocidade de evaporação que o segundo, com a rápida eliminação do solvente haverá um momento em que o polímero se encontrará em um meio mau solvente, tendendo a se separar, e com isto, prejudicar a película polimérica.

Há condições gerais que devem ser obedecidas para a adequada seleção dos fluidos constituintes da parte volátil das tintas. Os bons solventes termodinâmicos devem ter a velocidade de evaporação menor do que os maus solventes e diluentes; desta maneira, é possível promover o estiramento das cadeias do polímero no estágio crítico da evaporação, formando-se películas mais fortes.

Regras empíricas ajudam na predição da solubilidade e permitem a escolha do melhor solvente. A semelhança de estrutura química e polaridade entre polímero e solvente, bem como flexibilidade, peso molecular mais baixo e menor cristalinidade das cadeias poliméricas, favorecem a solubilidade. O avanço da tecnologia na predição dos componentes do sistema volátil de uma tinta procura transferir o conceito de *solubilidade* para o conceito de *parâmetro de solubilidade*, mais científico, cuja compreensão exige fundamentos de Físico-Química.

O *pigmento* ("pigment") é um dos constituintes mais importantes das composições de revestimento. Pode ser definido como um sólido, orgânico ou inorgânico, finamente dividido $(0,2-20 \mu m)$, colorido ou não, com índice de refração geralmente na faixa de $2,0-2,7$, insolúvel no meio polímero/solvente. As principais funções dos pigmentos nas tintas são: prover coloração e brilho; proteger o componente-base da degradação por absorção ou reflexão das radiações solares; inibir a corrosão de estruturas metálicas por ação catódica ou anódica em tintas-de-base; e aumentar a resistência ao risco das películas. A manutenção das partículas sólidas de pigmento em suspensão nas composições de revestimento, sem decantação ou floculação durante a estocagem, é uma das dificuldades encontradas pelo tecnólogo em tintas. Em ausência de interações das partículas com o sistema solvente/polímero, as dispersões mostram-se termodinamicamente instáveis.

Os pigmentos são responsáveis pelo *poder de cobertura* ("hiding power"), ou *opacidade* (*"opacity"*) das tintas, que é definido como a propriedade que uma composição de revestimento possui de encobrir totalmente o substrato sobre o qual foi espalhada. É avaliado como a espessura mínima de película necessária para encobrir o substrato, o que é conseguido por *demãos* ("coating") sucessivas. Quanto maior for o número de demãos necessárias, isto é, quanto maior for a espessura da camada de tinta, menor será o poder de cobertura desta tinta.

O poder de cobertura do pigmento encobre o substrato por diferentes efeitos físicos: *reflexão, refração, difração* e *absorção* da luz incidente, que podem ocorrer isolada ou simultaneamente. Pode ser melhor compreendido considerando que, quando a luz branca incide sobre uma cobertura plana e pigmentada, parte é *refletida* como em um espelho, parte passa através da película e é *espalhada*, sofrendo desvios por *refração* e *difração*, e parte é *absorvida*. Os fenômenos de espalhamento e absorção promovem a cobertura do substrato. Na ausência desses efeitos, a luz atravessa a película, incide no substrato, é refletida e volta ao olho do observador, formando então a imagem do substrato; neste caso, a película é dita *transparente*, como ocorre nos vernizes.

Nos pigmentos brancos, há pouca ou nenhuma absorção de radiações da região visível do espectro eletromagnético (400–750 nm). As composições de revestimento encobrem o substrato, principalmente por refração e reflexão da luz nesses pigmentos. Os pigmentos brancos devem apresentar índice de refração substancialmente maior que o componente-base, cujo índice de refração é 1,6–1,7. Dessa maneira, os raios refletidos, correspondentes a radiações provenientes dos pigmentos coloridos, são mais desviados e não atingem a vista humana. O pigmento branco atenua a eventual coloração do substrato. Em contraposição, nos pigmentos negros ocorre absorção de todas as radiações da região visível, e a superfície é vista de cor preta.

Outros fatores que influenciam o espalhamento de luz são o tamanho e a concentração de partículas de pigmento na película. O tamanho considerado ideal para essas partículas é 300 nm, isto é, aproximadamente a metade do comprimento de onda médio da luz branca (550 nm). Para atenuar as radiações da região do ultravioleta (300–400 nm), o tamanho ideal das partículas é 120 nm. O espalhamento aumenta com a concentração do pigmento. No entanto, se a concentração for muito alta, a distância entre as partículas do pigmento na película é menor que seu diâmetro médio e uma partícula neutralizará a difração da outra. Assim, o efeito total do espalhamento de luz será reduzido.

Nos pigmentos coloridos, ocorre absorção de radiações da região visível do espectro eletromagnético. A sensação ocular resultante das radiações não absorvidas pelo pigmento é a *cor*—símbolo convencional modelado pelo sentido do homem. Assim, a *cor visível* é complementar da *cor absorvida*. O **Quadro 67** mostra a relação entre o comprimento de onda da absorção da cor absorvida pelo pigmento e a cor visível.

Os aditivos são compostos, utilizados geralmente em pequena quantidade (abaixo de 5 phr), visando eliminar, reduzir ou propiciar alguma característica, essencial ou não, ao desempenho da composição de revestimento, sem afetar a estrutura química do componente-base; assim, agentes de reticulação e catalisadores não são considerados aditivos.

Diversos critérios podem ser adotados para a classificação dos aditivos. Conforme a sua função, podem ser plastificantes, corantes, dispersantes, secantes, agentes anti-UV, bactericidas, etc.

Quadro 67 — Relação entre o comprimento de onda da cor absorvida pelo pigmento e a cor visível		
Comprimento de onda das radiações absorvidas (nm)	Cor absorvida pelo pigmento	Cor visível (complementar)
400-435	Violeta	Verde-amarelado
435-480	Azul	Amarelo
480-490	Azul-esverdeado	Alaranjado
490-500	Verde azulado	Vermelho
500-560	Verde	Púrpura
560-580	Verde-amarelado	Violeta
580-595	Amarelo	Azul
595-605	Alaranjado	Azul-esverdeado
605-750	Vermelho	Verde-azulado

De acordo com a natureza química do componente-base e das condições a que será exposta a película durante sua vida útil, determinados aditivos poderão ser necessários.

Considerando a quantidade em que são empregados na formulação, a mesma substância pode ser classificada de modo diferente. Por exemplo, em uma composição de PVC é freqüentemente empregado um plastificante na faixa de 10-40 phr, conforme a flexibilidade do filme desejado. Nesses casos, não é comum classificar o plastificante como aditivo do PVC. Entretanto, em uma tinta para revestimento de uma tubulação metálica, o plastificante necessário para propiciar a elasticidade da película representa apenas cerca de 2 phr, e então poderá ser considerado como um dos aditivos da formulação.

O *parâmetro de solubilidade* ("solubility parameter") é uma ferramenta simples e indispensável na resolução dos problemas complexos que geralmente ocorrem com as composições de revestimento, tais como: seleção de um solvente ou mistura de solventes adequado para um dado polímero; compatibilidade entre componente-base e pigmento; etc. Baseia-se na qualificação e quantificação das forças que atuam no interior da matéria, como forças interatômicas e forças intermoleculares.

Os parâmetros de solubilidade estão correlacionados a diversas características físicas dos compostos, por exemplo, índice de refração e tensão superficial. São também instrumentos tecnológicos valiosos para a previsão da miscibilidade entre polímeros, dispersão de pigmentos em solução polimérica, compatibilidade entre plastificantes e componente-base, e compatibilidade entre componente-base e pigmentos na película final. O parâmetro de solubilidade traz a tecnologia do domínio do empirismo para o campo físico-químico e, assim, permite prever diversas propriedades das composições de revestimento. No **Quadro 68** são relacionados os parâmetros de solubilidade de solventes comuns.

Devido ao caráter introdutório deste livro, não serão abordados com maior profundidade os aspectos físico-químicos acima referidos.

De modo geral, a *adesão* ao substrato é a primeira e mais importante das características tecnológicas da película. Já definida no **Capítulo 15**, é uma propriedade inerente à junta adesiva após sua consolidação, isto é, o conjunto substrato/adesivo/substrato. Esse sistema se reduz a apenas substrato/película de polímero no caso das tintas, objeto do presente Capítulo.

Quadro 68 — Tensão superficial de solventes industriais	
Solvente	Tensão superficial (dina/cm)
Água	72,7
Glicol etilênico	48,4
Ciclohexano	35,2
Xileno	30,0
Tolueno	28,4
Metil-etil-cetona	24,6
Metanol	22,6
Óleo mineral	30,0
Óleo de silicone	24,0

Após ter sido aplicada, a composição de revestimento deve ainda exibir viscosidade relativamente baixa, para que possa fluir com facilidade para os interstícios do substrato e assim deslocar o ar presente, que atua negativamente, enfraquecendo o revestimento.

A *molhabilidade*, que é a propriedade de um líquido se espalhar sobre a superfície de um sólido, já definida no **Capítulo 15**, é favorecida pelo uso de solventes/diluentes adequados.

Além de boa molhabilidade ao substrato, a composição de revestimento deve exibir outras características: não apresentar tendência à cristalização, ter parâmetros de coesão próximos ao do substrato e possuir valores moderados de tensão superficial sólido/líquido e líquido/vapor.

A natureza e a magnitude das forças de adesão na interface substrato/película são de extrema importância. Em geral, são descritas pelos mecanismo de adesão que são os seguintes: ancoragem, difusão, eletrônico e adsorção. Os mecanismos de adesão não devem ser considerados como competitivos; eles podem atuar em conjunto, sendo responsáveis pela força de adesão global. Nenhum mecanismo individualmente pode explicar a adesão de uma película a uma superfície qualquer. Em certos casos, um ou outro mecanismo poderá ser o preponderante.

O *mecanismo de ancoragem* ("interlocking") propõe essencialmente que a inserção mecânica do adesivo nas irregularidades superficiais do substrato é o fator dominante na adesão. O aumento na rugosidade da superfície do substrato pode ser conseguido por jateamento ou lixamento.

No *mecanismo de difusão*, a adesão entre dois materiais poliméricos é atribuída à difusão das moléculas de polímero através da interface. Isso requer que os segmentos da cadeia polimérica do adesivo e do substrato possuam mobilidade suficiente e sejam mutuamente compatíveis e miscíveis, o que ocorre se substrato e adesivo possuírem valores similares de parâmetro de solubilidade.

O *mecanismo eletrônico* trata o sistema substrato/película como um capacitor, que é carregado pelo contato entre dois materiais diferentes. A separação das partes do capacitor, durante a ruptura da interface, conduz a uma separação de cargas e a uma diferença de potencial, a qual aumenta até que uma descarga ocorra. A adesão seria resultante da existência dessas forças elétricas atrativas entre as camadas substrato/película.

O *mecanismo de adsorção* é o mais vastamente aplicado à adesão, e propõe que um íntimo contato intermolecular deve ser provido para se conseguir uma interface aderente. Os materiais aderem devido a forças interatômicas e intermoleculares, que são estabelecidas entre as superfícies do substrato e da película.

Os tipos de ligação química e as energias de ligação interatômicas/intermoleculares podem ser vistos no **Quadro 69**. Pode-se observar que as ligações primárias são as mais fortes; as ligações secundárias são as mais fracas, e as ligações doador-aceptor, intermediárias.

As *ligações primárias* interfaciais substrato metálico/película são fortes e garantem boa adesão da película de tinta ao substrato. Por exemplo, as ligações cobre/sulfeto que se formam quando a borracha é vulcanizada com enxofre sobre substrato de latão, ou ligações tipo óxido metálico/PDMS, que se estabelecem quando tintas-de-base, aditivadas com agentes de acoplamento, são aplicadas sobre superfícies metálicas oxidadas.

As *ligações tipo doador-aceptor*, de força intermediária, que se estabelecem na interface substrato/película, se explicam de acordo com os conceitos de ácido/base, tanto de Lewis quanto de Brönsted.

As *ligações secundárias* podem ser hidrogênicas ou decorrentes de forças de van der Waals. A ligação hidrogênica pode desempenhar importante função na adesão de polímeros com baixa funcionalidade. Nesses casos, procede-se à oxidação da superfície de tais polímeros por imersão em ácidos oxidantes, ou exposição à descarga elétrica (processo corona), ou à chama.Acredita-se que ocorra tautomerização ceto-enólica do grupo carbonila, gerado à superfície do substrato, possibilitando as interações pela hidroxila. Poliolefinas, como o polietileno, somente são susceptíveis de impressão duradoura com tintas após esse tratamento oxidante superficial, devido à formação de ligações hidrogênicas entre o substrato e a película de revestimento.

As forças de London, provenientes de movimentação interna dos elétrons, são independentes do momento dipolar da substância e respondem pela coesão de polímeros de baixa polaridade, como PS, NR e SBR. Essas forças somente atuam quando as moléculas estão bem próximas (cerca de 0,4 nm), o que explica por que adesivos à base de NR são geralmente melhores que adesivos à base de SBR, com moderada flexibilidade. Baixo módulo é um indicativo de liberdade de rotação dos segmentos das macromoléculas, permitindo a adesivos e tintas adquirir conformação adequada ao substrato, o que é vantajoso para a boa adesão.

Uma característica muito importante das tintas é a permeabilidade, que é o fenômeno observado quando moléculas de um gás ou vapor são transportadas através de uma barreira sólida, que freqüentemente é uma película polimérica.

A *permeabilidade* ("permeability") pode ser definida como o volume ou massa de uma substância permeante quando atravessa a unidade de volume do material de barreira, na unidade de tempo, sob diferença de pressão unitária, quando o sistema se encontra no estado de equilíbrio.

O processo de permeabilidade através de películas poliméricas ocorre em duas etapas. Na primeira, o permeante se dissolve no polímero; na segunda, ele é transportado através do polímero por difusão, formando um gradiente de concentração. A elevação de temperatura causa o aumento da solubilidade e da difusão do permeante no polímero.

A *solubilidade* do permeante na película é afetada pela natureza química, o tamanho, a forma, a polaridade e a facilidade de condensação da molécula permeante. A solubilidade aumenta quando aumenta a semelhança química entre a película e o permeante.

Quadro 69 — Tipos de ligação química e suas energias		
Tipo de ligação química		Energia de ligação (kJ/mol)
Primária	Iônica	600–1100
	Covalente	60–700
	Metálica	110–350
Doador-aceptor	Interação ácido-base (Brönsted)	até 1000
	Interação ácido-base (Lewis)	até 80
Secundária	Ligação hidrogênica — Com flúor	até 40
	Ligação hidrogênica — Com oxigênio, nitrogênio, etc.	10–25
	Força de van der Waals — Dipolo—dipolo permanente	4–20
	Força de van der Waals — Dipolo—dipolo induzido	até 2
	Força de van der Waals — Força de dispersão (London)	0,08–40

A *difusão* pode ser visualizada como um movimento das moléculas permeantes através de vazios, formados entre as macromoléculas adjacentes, devido à movimentação térmica de segmentos das cadeias do polímero; é análoga à condução térmica. Para a mesma película, a natureza química, o tamanho e a forma da molécula permeante afetam a velocidade de permeação.

Quando um polímero é selecionado para revestimentos protetores, a temperatura máxima a ser tolerada pela película deve ser inferior à sua temperatura de transição vítrea, T_g. A permeabilidade da película é muito influenciada pelo grau de cristalinidade do polímero, cujo efeito se exerce tanto na etapa de difusão quanto de solubilidade do permeante. Quanto maior for a cristalinidade do polímero, menor será a permeabilidade da película de tinta; quanto maior for a energia coesiva, maior será a energia requerida para a formação de vazios nas regiões cristalinas.

A baixa permeabilidade ao vapor d'água é uma característica tecnologica fundamental da película de revestimento para atingir seu objetivo de proteção dos substratos. A umidade conduz à deterioração da peça e reduz seu tempo de vida útil, especialmente quando associada a outros fatores encontrados no meio ambiente.

A corrosão dos metais e o apodrecimento das madeiras são exemplos dos problemas mais comuns, que procuram ser minizados pelo setor de tintas. Quando vapor d'água é permeado através de um revestimento aplicado sobre um substrato metálico, existe a possibilidade de íons existentes na atmosfera, por exemplo em ambiente de maresia, serem transportados através da película até a interface. Nesse caso, a presença de íons em solução aquosa sobre a superfície do substrato proverá um eletrólito, isto é, um meio adequado para a condução da corrente elétrica, gerada pelas reações de oxirredução dos sítios anódicos e catódicos presentes na superfície metálica. Surgem assim na peça minúsculas pilhas galvânicas, isto é, células de corrosão. Em ausência de eletrólito, esses sítios permanecem como se fossem contatos elétricos abertos, retardando a corrosão. As tintas funcionam basicamente provendo uma barreira entre a superfície metálica e a atmosfera úmida.

Uma película de tinta aplicada sobre madeira deve possuir um mínimo de permeabilidade a vapor d'água, porque a madeira é um tecido vivo, e necessita "respirar", isto é, permear o vapor d'água que se forma na interface, proveniente da umidade existente no interior da madeira, e assim evitar o destacamento da película de tinta.

As cargas inertes ou reforçadoras influenciam a permeabilidade do filme pela natureza, tamanho e forma de suas partículas, assim como sua concentração e distribuição na película de tinta. Por exemplo, mica (silicato de alumínio) ou alumínio, finamente divididos, quando adicionados à borracha na proporção de 20% em peso, reduzem a permeabilidade a 1/3 do valor original. A adição de pigmentos à película afeta a permeabilidade não só de gases e vapores, como também de íons, porque pode promover sítios de adsorção entre eventuais grupos pendentes das moléculas poliméricas, restringindo a mobilidade dos segmentos de cadeia e conseqüentemente, o processo de difusão iônica.

No estudo de tintas, é importante o conhecimento dos fenômenos reológicos, isto é, relativos a deformação e escoamento da matéria, já comentado no **Capítulo 10**.

Os polímeros industriais mais importantes no campo das tintas são os seguintes: PVAc, PBA, ER, CN, tal como mostrado no **Quadro 70**. Informações específicas sobre cada um destes polímeros se encontram respectivamente nos **Quadros 71, 72, 73** e **74**, apresentados a seguir.

Algumas composições de revestimento mais antigas, como aquelas baseadas em resinas alquídicas, compostas de óleos vegetais de elevada insaturação, como o óleo de linhaça, apresentam formulações diversificadas e complexas; têm sido gradualmente substituídas por produtos de tecnologia mais moderna.

Quadro 70 — Polímeros industriais mais importantes em tintas			
Sigla	Nome	Processo de polimerização	Quadro (n.º)
PVAc	Poli(acetato de vinila)	Poliadição	71
PBA	Poli(acrilato de butila)	Poliadição	72
ER	Resina epoxídica	Policondensação	73
CN	Nitrato de celulose	Modificação química	74

Outros polímeros, como PR, MR, PU (Capítulo 13) e UR (Capítulo 15), podem ainda ser empregados em composições de revestimento, porém não é esta a sua principal aplicação.

Quadro 71 — Polímeros em tintas de importância industrial: Poli(acetato de vinila) (PVAc)

Monômero	$H_2C = CHOAc$ Acetato de vinila (líquido); p.e.: 73°C
Polímero	Poli(acetato de vinila) — $(H_2 C — CHOAc)_n$ —
Preparação	• Poliadição em massa. Monômero, peróxido ou azonitrila, 40°C • Poliadição em emulsão. Monômero; persulfato de potássio, água, emulsificante, 50°C.
Propriedades	• Peso molecular: $10^3–10^5$; d: 1,18; • Cristalinidade: amorfo; T_g: 28°C; T_m: – • Material termoplástico. Propriedades mecânicas fracas. Adesividade.
Aplicações	• Tintas para parede. Adesivos para papel. Adesivos fundidos.
Nomes comerciais	• Elvacet, Vinamul, Mowilith, Rhodopas.
No Brasil	• Fabricado por Rhodia (SP), Alba (SP), IQT (SP), Hoechst (SP), BASF (SP).
Observações	• PVAc não é adequado para a moldagem de artefatos. No entanto, é largamente empregado sob a forma de emulsão, em tintas e adesivos. • Emulsões de PVAc são largamente utilizadas em todo mundo para a construção civil, em tintas para interiores e exteriores, de baixo custo. • PVAc é também bastante consumido como emulsão adesiva. • PVAc é o precursor do PVAl, por hidrólise em grau controlado.

	Quadro 72 — Polímeros em tintas de importância industrial: Poli(acrilato de butila) (PBA)
Monômero	$H_2C = CHCOOC_4H_9$ Acrilato de butila (líquido); p.e.: 147^0C
Polímero	Poli(acrilato de butila) — $[H_2 C — CHCOOC_4H_9]_n$ —
Preparação	• Poliadição em emulsão. Monômero, persulfato de potássio, água, emulsificante, 50°C.
Propriedades	• Peso molecular: 10^3–10^4; d: 1,05 • Cristalinidade: amorfo; T_g: –54°C; T_m: – • Material termoplástico. Propriedades mecânicas fracas. Adesividade.
Aplicações	• Tintas e adesivos.
Nomes comerciais	• —
No Brasil	• Fabricado por IQT (SP).
Observações	• PBA não é usado para a moldagem de artefatos, semelhante ao que ocorre com PVAc. • O acrilato de butila tem sua principal aplicação na formação de copolímeros com outros monômeros acrílicos (acrilato de metila, acrilato de etila, acrilato de 2-etil-hexila), bem como acetato de vinila, obtendo-se produtos com características especiais. Esses copolímeros são empregados sob a forma de emulsão, em composições adesivas e em tintas. • Os copolímeros acrílicos são bastante importantes na indústria de fabricação de papel. • Copolímeros de acrilato de butila são componentes de uso comum em *adesivos sensíveis à pressão* ("pressure sensitive adhesives", PSA).

Quadro 73 — Polímeros em tintas de importância industrial: Resina epoxídica (ER)

Monômero	**Epicloridrina** (líquido); p.e.: 116°C $$H_2C \overset{O}{\diagdown} CH - CH_2Cl$$ — **4,4'-Difenilol-propano** (Bisfenol A); p.f.: 156°C $$HO - C_6H_4 - \underset{CH_3}{\overset{CH_3}{C}} - C_6H_4 - OH$$
Polímero	Resina epoxídica $$H_2C \overset{O}{\diagdown} CH - CH_2 - \left[O - C_6H_4 - \underset{CH_3}{\overset{CH_3}{C}} - C_6H_4 - O - CH_2 - CHOH - CH_2 \right]_{n-1} O - C_6H_4 - \underset{CH_3}{\overset{CH_3}{C}} - C_6H_4 - O - CH_2 - CH \overset{O}{\diagdown} CH_2$$
Preparação	• Policondensação em solução. Monômeros, hidróxido de sódio, água, 95°C.
Propriedades	*Antes da reticulação*: • Produtos oligoméricos, p. m.: 10^2–6×10^3; d: 1,15–1,20 *Após a reticulação*: • Material termorrígido. Excelente adesividade. Excelente resistência mecânica e à abrasão. Baixa contração.
Aplicações	• Tintas para diversos fins. Adesivos para metal, cerâmica e vidro. Compósitos com fibra de vidro, de carbono ou de poliamida aromática, para a indústria aeronáutica. Componentes de equipamentos elétricos. Circuitos impressos. Encapsulamento de componentes eletrônicos. Moldes e matrizes para ferramentas industriais.
Nomes comerciais	• Araldite, Epikote, Durepoxi.
No Brasil	• Fabricado por Dow (SP) e Ciba-Geigy (SP).
Observações	• As composições à base de ER são curadas com poliaminas ou anidridos. Em geral, recebem carga reforçadora de sílica. Devido à sua grande versatilidade, ER é também muito importante como adesivo.

Quadro 74 — Polímeros em tintas de importância industrial: Nitrato de celulose (CN)	
Precursor	Celulose
Polímero	Nitrato de celulose
Preparação	• Modificação química. Celulose, ácido nítrico, ácido sulfúrico, água, 20–40°C.
Propriedades	• Peso molecular: $5 \times 10^4 – 10^5$; d: 1,35–1,40 • Cristalinidade: amorfo; T_g: –; T_m: – dec. • Material termoplástico. Boa resistência ao impacto. Transparência.
Aplicações	• Composições para revestimentos como tintas e vernizes. Armações de óculos. Bolas de pingue-pongue.
Nomes comerciais	• Celluloid.
No Brasil	• Nitroquímica (SP).
Observações	• A produção industrial e a estocagem do CN exigem cuidados quanto ao controle do grau de nitração e da temperatura, pois podem ser formados produtos nitrados explosivos. • As propriedades de CN são definidas pelo grau de substituição (*degree of substitution,* DS). DS = 1-2, é usado para plásticos e esmaltes; DS = 3 é usado como explosivo. • CN já teve grande importância na produção de artefatos plásticos; ainda tem emprego em vernizes.

Bibliografia recomendada

- J.H. Lowell — "Coatings", in H.F. Mark, N.M. Bikales, C.G. Overberger and G. Menges, "Encyclopedia of Polymer Science and Engineering", V.3, John Wiley, New York, 1985, pág.615-675.

- J.M. Fazenda — "Polimerização: Considerações Teóricas", in J.M. Fazenda, "Tintas e Vernizes": Ciência e Tecnologia", V.1, Abraco, São Paulo, 1993.

- W.J. Roff & J.R. Scott — "Fibres, Films, Plastics and Rubbers", Butterworth, London, 1971.

- D. Witte — "Paint Fine Arts", in O.G. Schetty, "Encyclopedia of Polymer Science and Technology", V.7, John Wiley, New York, 1967.

- D.H. Parker — "The Paint Industry, Past and Present", in H.S. Parker, "Principles of Surface Coating and Technology", Interscience Publishers, New York, 1965.

- E.B. Mano — "Polímeros como Materiais de Engenharia", Edgard Blücher, São Paulo, 1991.

OS POLÍMEROS NA COMPOSIÇÃO DE ALIMENTOS INDUSTRIAIS

Algumas considerações preliminares, de caráter geral, devem ser feitas na abordagem dos polímeros como importantes componentes do alimento humano.

A água é o composto químico mais abundante, mais largamente distribuído e mais utilizado na Terra. Cerca de 75% da superfície do planeta é água, cuja profundidade média pode ser avaliada em 3 km. A água representa em torno de 70% do peso do corpo humano, sendo que o sangue contém cerca de 78% de água. Assim, torna-se compreensível que os alimentos, tal como produzidos na Natureza ou mesmo em preparações alimentícias industriais, sejam consumidos ao lado de grande quantidade de água, e que seus constituintes, tanto de valor nutritivo quanto técnico, devam ter grande afinidade pela água, e mesmo, na maioria dos casos, sejam hidrossolúveis. Os polímeros, que são a maior parte desses constituintes, devem portanto também ter estruturas químicas que possibilitem intensa interação com a água.

De fato, os componentes essenciais dos alimentos são as proteínas e os polissacarídeos — ambos extremamente associáveis à água.

Quando existem grupos polares na macromolécula, especialmente hidroxila — como nos polissacarídeos — ou amina — como nas proteínas — em presença de solventes hidroxilados — como a água — ocorrem fortes interações do tipo ligações hidrogênicas, que são responsáveis pelo aumento da viscosidade. Se a regularidade das cadeias e sua configuração são favoráveis, pode haver geleificação, como ocorre em certos polímeros naturais. Se houver aquecimento, as ligações hidrogênicas são destruídas, e a massa polimérica se torna fluida. Se, no entanto, o calor afetar a estrutura química, pode ocorrer reticulação das cadeias, precipitando o polímero — como na coagulação da albumina do ovo. No caso de haver grupos carboxila ou outros grupamentos ácidos na cadeia, pode ocorrer a formação de sais metálicos, e o produto enrijece irreversivelmente.

A característica particular dos polímeros de produzir soluções viscosas, ou mesmo massas coesas, enrijecidas pelo calor ou pelo frio, determina em grau substancial a textura e a forma de apresentação de produtos industriais. Por exemplo, o amido (um polissacarídeo) das farinhas de trigo, milho, mandioca, arroz, etc, pode propiciar a formação de produtos líquidos espessos (sopas, loções), ou de textura pastosa (mingaus, cremes) ou consistente (angu, polenta). Outro exemplo: a gelatina (uma proteína), que exige para sua solidificação temperaturas mais baixas que a ambiente.

No estudo de preparações alimentícias é importante o conhecimento dos fenômenos reológicos, já comentado no **Capítulo 10**. Os polissacarídeos encontrados na Natureza são consumidos diretamente na alimentação de homens e animais, como base de sua subsistência.

Além disso, os polissacarídeos são muito usados em alimentos industriais, principalmente por suas propriedades de espessamento e geleificação. A presença de pequenas quantidades desses materiais (0,2—l%) pode alterar drasticamente as propriedades reológicas de grandes quantidades de água, acarretando mudança na textura dos produtos alimentícios e mantendo o grau de hidratação desejado.

Uma característica peculiar dos polímeros hidrofílicos em fina dispersão ou solução em água é a *tixotropia* (**Capítulo 10**), propriedade dos sistemas não-Newtonianos, que causa um decréscimo da viscosidade sob agitação. Esse efeito é proveniente da disposição ordenada, adquirida pelas moléculas presentes no sistema em repouso, e leva algum tempo para aparecer; essa ordenação é imediatamente destruída pela agitação e recuperada pelo repouso.

Alimentos são matrizes químicas altamente complexas que contêm substâncias nutritivas, isto é, destinadas a consumo para a manutenção da vida. Os alimentos devem prover a fonte de energia necessária para manter a temperatura do corpo acima de um valor mínimo, abaixo do qual a vida cessa. Provêm também materiais para a produção e substituição de inúmeros tipos de tecido biológico, inclusive ossos, fluidos corporais, etc. Além disso, muitos alimentos, tanto naturais quanto industrializados, contêm quantidades significativas de polímeros não-nutritivos, fibrosos, que fornecem textura apropriada à digestão do produto. Deve-se lembrar que os alimentos, naturais ou sintéticos, não são medicamentos, embora possam atuar eficientemente como solução alternativa para alguns remédios convencionais.

A tecnologia de alimentos trata das atividades relacionadas à aplicação de ciência e tecnologia ao armazenamento, transporte, preservação, processamento e distribuição desses produtos.

Certos componentes dos alimentos participam do controle dos vários processos requeridos para o funcionamento normal do corpo. O alimento ingerido deve ser digerido e absorvido antes que o corpo possa utilizá-lo. Nesse processo de decomposição e recomposição molecular intervêm as enzimas existentes no organismo. Daí decorre a classificação dos *alimentos* em *nutritivos* e *não-nutritivos*.

As exigências energéticas podem ser indicadas, de forma simplificada, em calorias. Essas exigências são atendidas por muitos tipos de alimentos, geralmente agrupados em 3 grandes classes: *carboidratos, proteínas* e *gorduras*. A tradição desempenha um papel importante nos hábitos alimentares. Até hoje, muitos aspectos fisiológicos, psicológicos e sociológicos tornam um alimento novo aceito ou rejeitado pelo mercado consumidor. Os polissacarídeos e as proteínas são os componentes mais significativos desses produtos, que ainda contêm gorduras e água, além de uma diversidade de aditivos, em proporção muito menor — porém de extrema importância em relação ao sabor e ao aroma.

Pela legislação brasileira, *aditivo* é toda substância ou mistura de substâncias, dotada ou não de valor nutritivo, agregada a um alimento, intencionalmente usada para impedir alterações, manter, conferir ou intensificar seu aroma, cor e sabor, modificar ou manter seu estado físico geral, ou exercer qualquer ação exigida por uma boa tecnologia de fabricação. As classes de aditivos para uso alimentar são as seguintes: *corantes, aromatizantes, conservantes, antioxidantes, estabilizantes, agentes tensoativos, espessantes, edulcorantes, acidulantes, umectantes* e *antiumectantes*, etc.

A seleção de um polímero para a formulação de um produto alimentício é determinada pela sua capacidade de fornecer um efeito técnico especial ou atender a um dispositivo legal específico, ou considerações mercadológicas, como preço e aceitação pelo consumidor. O efeito técnico mais importante visado pelos fabricantes é a *geleificação*. A função dos polímeros geleificantes em preparações alimentícias e industriais se encontra exemplificada no **Quadro 75**.

A *qualidade* dos alimentos envolve uma série de itens: *aparência, cor, textura, consistência, aroma, valor nutritivo,* etc. A armazenagem da maioria dos alimentos frescos, sem deterioração e apodrecimento, é dificultada pela presença de enzimas em todos os tecidos de plantas e animais, e pelo ataque de microorganismos.

Os métodos de *preservação* dos alimentos são os seguintes:

- *Remoção de água,* que interrompe a maior parte da ação enzimática e impede o crescimento de microorganismos;

- *Aquecimento,* que desativa as enzimas e mata ou reduz o número de microorganismos presentes;

- *Congelamento,* que reduz a ação enzimática e o crescimento microbiano e permite o armazenamento dos alimentos por longos períodos;

- *Adição de produtos químicos,* tecnicamente necessários e inofensivos ao organismo humano, que causam a redução da ação enzimática e do crescimento microbiano.

Quadro 75 — Função dos polímeros geleificantes em preparações alimentícias industriais	
Função	Aplicação
Adesivo	Brilho superficial de bolos
Agente aglutinante	Salsichas
Agente encorpante	Alimentos dietéticos
Inibidor de cristalização	Sorvetes, xaropes açucarados
Agente clarificante	Cervejas e vinhos
Agente de turbidez	Sucos de fruta
Agente de revestimento	Confeitos
Emulsificante	Molhos de saladas
Agente encapsulante	Pós aromatizantes
Formador de filme	Invólucros de salsichas
Agente de floculação	Vinhos
Estabilizador de espuma	Coberturas batidas ("suspiros"), colarinho da cerveja
Agente geleificante	Pudins, *mousses* e sobremesas
Agente de desmoldagem	Balas, drops
Colóide protetor	Emulsões aromatizantes
Estabilizante	Cerveja e maionese
Agente de suspensão	Achocolatados
Agente de inchamento	Carnes processadas
Inibidor de sinerese	Queijos e alimentos congelados
Agente de espessamento	Geléias, recheio de tortas, molhos
Agente de espumação	Coberturas

Para prolongar o tempo de armazenamento sem a necessidade de abaixamento de temperatura, especialmente no caso de alimentos naturais, tem importância o processo da *liofilização*, que envolve o congelamento da água e sua sublimação, mantendo as características de aroma e sabor, sem contudo preservar a forma, a cor e a textura do produto.

As leis físicas da conservação de energia não se aplicam aos organismos vivos. Por essa razão, a causa imediata do excesso de peso das pessoas é o consumo de maior quantidade de alimentos calóricos do que o exigido para manter o peso desejado. O excesso de ingestão de produtos energéticos é refletido no acúmulo de compostos energeticamente ricos sob a forma de gordura. Daí o desenvolvimento de alimentos dietéticos, que devem conter os componentes essenciais, exceto aqueles altamente calóricos.

É imenso o volume de polímeros sintéticos encontrados nos alimentos industrializados. É interessante observar que a preocupação estética se revela no consumo de produtos dietéticos: considerando apenas os polímeros não-nutritivos, o consumo mundial provavelmente excede 30.000 toneladas anuais.

Os polímeros naturais constituem a maior parte dos alimentos, tanto frescos quanto industrializados. São principalmente polissacarídeos e proteínas, que recebem denominação específica conforme sua fonte, vegetal ou animal. De um modo geral, são produtos de policondensação, com diferenças em relação ao número de unidades químicas repetidas, sua estrutura e posição em que se encontram na cadeia principal. Esses aspectos estruturais são essenciais devidos à característica super-estereoespecífica da maioria das enzimas.

O **Quadro 76** apresenta os polímeros geleificantes naturais mais encontrados nos alimentos industrializados: amido, pectina, agar, alginato de sódio, carragenana, gelana, gelatina e xantana. Pode-se observar a diversidade de fontes vegetais, incluindo plantas superiores, algas e micro-organismos, em contraposição às fontes animais, mais restritas.

De um modo geral, os polímeros são os *componentes-base* das formulações alimentícias industriais, especialmente os polissacarídeos e as proteínas, que constituem a parte substancial do produto comercializado.

Os polímeros industriais mais importantes no campo das preparações alimentícias são todos de origem natural ou natural modificada: amido, pectina, agar, alginato de sódio, gelatina, e os polímero oriundos da modificação química da celulose, MC, CMC, tal como mostrado no

Quadro 76 — Polímeros geleificantes naturais empregados em tecnologia de alimentos		
Goma	Origem	Natureza química
Agar	Algas	Polissacarídeo
Alginato de sódio	Algas	Polissacarídeo
Amido	Plantas	Polissacarídeo
Carragenana	Algas	Polissacarídeo
Gelana	Microorganismos	Polissacarídeo
Gelatina	Animais	Proteína
Pectina	Plantas	Polissacarídeo
Xantana	Microorganismos	Polissacarídeo

Quadro 77. Informações específicas sobre cada um desses polímeros se encontram respectivamente nos **Quadros** 78, 79, 80, 81, 82, 83 e 84, apresentados a seguir.

É interessante destacar que a tendência da indústria de alimentos, de acordo com a evolução que vem mostrando a sociedade moderna, é no sentido do desenvolvimento de preparações alimentícias de prolongada estabilidade, mesmo à temperatura ambiente, e de efeito dietético.

Quadro 77 — Polímeros industriais mais importantes em alimentos			
Sigla	Nome	Processo de polimerização	Quadro (n.º)
-	Amido	Biogênese	78
-	Pectina	Biogênese	79
-	Agar	Biogênese	80
-	Alginato de sódio	Biogênese	81
-	Gelatina	Biogênese	82
MC	Metil-celulose	Modificação química	83
CMC	Carboxi-metil-celulose	Modificação química	84

INTRODUÇÃO A POLÍMEROS

Quadro 78 — Polímeros em alimentos de importância industrial: Amido

Precursor	Base Nitrogenada/Di/Fosfato/Glicose (NDP-Glicose)
Polímero	Poli(1,4-α-D-glicose)
Preparação	• Biogênese em plantas.
Propriedades	• Peso molecular: 10^4–10^8; d: 1,50 • Cristalinidade: policristalino; T_g: –; T_m: dec. • Material termorrígido físico. Baixa resistência mecânica. Boa resistência a solventes. Baixa resistência ao calor. Alta absorção de umidade. Atacável por microorganimos.
Aplicações	• Em alimentos, na confecção de pães, biscoitos, massas diversas (pizza, macarrão, etc). • Em cosméticos, em substituição ao talco. • Em tecidos, como espessante em banhos para acabamento.
Nomes comerciais	• —
No Brasil	• Abundante em estado nativo ou cultivado.
Observações	• O amido ocorre em raízes, caules, folhas, frutos e sementes; é composto de dois polissacarídeos derivados da α-glicose: a amilose, linear, e a amilopectina, ramificada. A proporção entre ambas varia conforme a espécie botânica, o clima, a idade da planta, etc. • O amido ocorre nas plantas sob a forma de grãos, elipsoidais e formados por camadas concêntricas de amilose, no interior do grão, e amilopectina, nas camadas mais externas. • Nos cereais, como trigo, o amido ocorre acompanhado de glúten, que é uma proteína a qual resta insolúvel quando se procede à separação do pó de amido. O teor de glúten é importante na qualidade do amido para panificação.

Quadro 79 — Polímeros em alimentos de importância industrial: Pectina

Precursor	Base Nitrogenada/Di/Fosfato/Ácido galacturônico NDP-Ácido galacturônico
Polímero	Poli(1,4-α-D-ácido galacturônico)
Preparação	• Biogênese em plantas.
Propriedades	• Peso molecular: 10^4–3×10^5; d: - • Cristalinidade: amorfo; T_g: –; T_m: – • Material termorrígido físico. Solúvel em água quente.
Aplicações	• Como geleificante, na preparação industrial de geléias de sabores diversos. • Como espessante, na preparação de sucos, molhos e sopas.
Nomes comerciais	• —
No Brasil	• —
Observações	• A pectina é extraída com água quente a partir de resíduos de frutas. • Os sub-produtos das indústrias de suco de laranja e polpa de maçã são as fontes de matéria-prima para a fabricação de pectina. • Os sucos de fruta artificiais, aquosos, têm a sua fluidez modificada por pequenas quantidades de pectina, procurando torná-los de aspecto e textura mais próximos dos sucos naturais. • Na indústria de doces em conserva, a pectina é empregada como espessante.

Quadro 80 — Polímeros em alimentos de importância industrial: Agar

Precursor	Base Nitrogenada/Di/Fosfato/Galactose (NDP-Galactose)
Polímero	Copoli(1,3-β-D-anidro-galactose/1,4-α-L-3,6-anidro-galactose)
Preparação	• Biogênese em algas marinhas.
Propriedades	• Peso molecular: –; d: – • Cristalinidade: amorfo; T_g: –; T_m: – • Material termorrígido físico. Insolúvel em água fria. Forma colóide em água acima de 90°C.
Aplicações	• Agente espessante e geleificante. Preparação de meios de cultura microbiológica. Impressão dentária. Gel para eletroforese.
Nomes comerciais	• —
No Brasil	• Não é fabricado.
Observações	• Agar, como produto obtido de algas marinhas, é um material heterogêneo, complexo. O polissacarídeo predominante é constituído principalmente de unidades de galactose, com ligações de dois tipos: 1,3-β e 1,4-α , com pequena proporção de grupamentos éster-sulfato. • Devido à sua origem, agar é produto menos indicado para uso em preparações alimentícias, em que é importante o paladar e a textura do produto. • As placas de agar para cultivo microbiológico constituem um grande mercado para a aplicação deste polissacarídeo. O aspecto dessas placas se assemelha a gelatina, que é uma proteína e não tem qualquer correlação com o agar.

Quadro 81 — Polímeros em alimentos de importância industrial: Alginato de sódio	
Precursor	Base Nitrogenada/Di/Fosfato/Ácido manurônico / Ácido glicurônico NDP-Ácido manurônico / ácido glicurônico
Polímero	copoli(1,4-β-D-ácido manurônico)-b-(1,4-α-L-ácido glicurônico)
Preparação	• Biogênese em algas marinhas.
Propriedades	• Peso molecular: 2×10^5; d: 1,70 • Cristalinidade: amorfo; T_g: –; T_m: – • Material termorrígido físico. Solúvel em água.
Aplicações	• Agente espessante, estabilizante, emulsificante e floculante nas indústrias alimentícia, têxtil, de cosméticos, de tintas e farmacêutica.
Nomes comerciais	• Manucol, Manutex.
No Brasil	• —
Observações	• Os alginatos são sais de ácido urônico da manose e da glicose. Assim, seus sais alcalinos formam soluções aquosas, que precipitam em presença de íons polivalente, como o cálcio; esta propriedade é a base da modificação que ocorre nas massas que modelam com precisão os detalhes da cavidade bucal. A solução aquosa de alginato alcalino é misturada à solução de cloreto de cálcio que espessa e enrijece em um tempo suficientemente curto.

Quadro 82 — Polímeros em alimentos de importância industrial: Gelatina	
Precursor	Aminoácidos, principalmente os sublinhados
Polímero	Copoli(glicina, prolina, hidroxi-prolina, ácido glutâmico, arginina, alanina, leucina, lisina, ácido aspártico, fenil-alanina, serina, valina, treonina, tirosina, metionina, histidina, cistina)
Preparação	• Biogênese em animais.
Propriedades	• Peso molecular: até 5×10^5; d: 1,35 • Cristalinidade: amorfo; T_g: 217°C; T_m: 230°C • Material termorrígido físico. Incha em água fria e dissolve em água quente. Formação de gel. Aglutinante.
Aplicações	• Agente espessante, geleificante, emulsificante, floculante, clarificante. • Em adesivos. • Em filmes e papéis fotográficos.
Nomes comerciais	• —
No Brasil	• —
Observações	• Gelatina é uma proteína heterogênea, extraída das partes macias da pele ou do couro dos animais. • A gelatina é um alimento proteico, de valor nutritivo muito maior do que os polissacarídeos, os quais cumprem igual finalidade geleificante em preparações alimentícias industriais.

Quadro 83 — Polímeros em alimentos de importância industrial: Metil-celulose (MC)	
Precursor	Celulose nativa
Polímero	Metil-celulose
Preparação	• Modificação química. Celulose, cloreto de metila, hidróxido de sódio, água, 40–80°C, autoclave
Propriedades	• Peso molecular: –; d: 1,30–1,40 • Cristalinidade: amorfo; T_g: 150°C; T_m: 250°C dec. • Material termorrígido físico. Solúvel em água. Atacável por micro-organimos.
Aplicações	• Em cosméticos: espessante em loções, xampus, etc. • Em alimentos: espessante em preparações dietéticas. • Em tecidos: espessante em banhos para acabamento. • Em tintas: espessante em emulsões aquosas.
Nomes comerciais	• Methocel.
No Brasil	• Não é fabricado.
Observações	• A solubilidade de MC depende do grau de substituição, DS = 1,2. A substituição das hidroxilas pelas metoxilas reduz as ligações hidrogênicas, libera as macromoléculas e aumenta a solubilização em água. A eterificação total permite a solubilização em solventes orgânicos. • A hidroxietil-celulose (HEC), obtida pela reação da celulose com óxido de etileno, tem os mesmos usos da MC.

	Quadro 84 — Polímeros em alimentos de importância industrial: Carboxi-metil-celulose (CMC)
Precursor	Celulose nativa
Polímero	Carboxi-metil-celulose (sal de sódio)
Preparação	• Modificação química. Celulose, ácido monocloro-acético, hidróxido de sódio, água, 20–100°C
Propriedades	• Peso molecular: –; d: 1,59 • Cristalinidade: amorfo; T_g: –; T_m: 250°C dec. • Material termorrígido físico. Solubilidade em água. Atacável por micro-organismos.
Aplicações	• Em cosméticos: espessante em loções, xampus, etc. • Em alimentos: espessante em preparações dietéticas. • Em tecidos: espessante em banhos para acabamento. • Em tintas: espessante em emulsões aquosas.
Nomes comerciais	• Tylose.
No Brasil	• —
Observações	• A solubilidade de CMC depende do grau de substituição. A substituição das hidroxilas pelas carbometoxilas reduz as ligações hidrogênicas, libera as macromoléculas e aumenta a solubilização em água. • CMC industrial tem DS entre 0,4–0,8.

Bibliografia recomendada

- *T.C. Troxell & P.S. Schwarzt — "Food Applications", in H.F. Mark, N.M. Bikales, C.G. Overberger and G. Menges, "Encyclopedia of Polymer Science and Engineering", V.7, J. Wiley, New York, 1987, pág.269-279.*

- *J.N. Bemiller — "Gums, Industrial", in H.F. Mark, N.M. Bikales, C.G. Overberger and G. Menges, "Encyclopedia of Polymer Science and Engineering", V.7, John Wiley, New York, 1987, pág.589-613.*

- *P.I. Rose — "Gelatin", in H.F. Mark, N.M. Bikales, C.G. Overberger and G. Menges, "Encyclopedia of Polymer Science and Engineering", V.7, John Wiley, New York, 1987, pág. 488-513.*

- *J.M.V. Blanshard & J.R.M. Gliksman — "Polysaccharides in Food", Butterworths, London, 1979.*

- *W.J. Roff & J.R. Scott — "Fibres, Films, Plastics and Rubbers", Butterworth, London, 1971.*

18

OS POLÍMEROS NA COMPOSIÇÃO DE COSMÉTICOS INDUSTRIAIS

A proteção da superfície exterior do corpo humano é objeto de atenção cada vez maior por parte da sociedade moderna, obsecada pelo prolongamento ao máximo das características positivas da juventude. Nesse particular, tem relevância especial o grau de hidratação permanente em que devem ser mantidos a pele e os cabelos, e isto está correlacionado ao extraordinário desenvolvimento da indústria de cosméticos.

Cosméticos são preparações para uso pessoal externo que visam a limpeza ou a melhora da aparência da pele, lábios, cabelos, unhas e dentes. Podem se apresentar como soluções, suspensões, emulsões, dispersões, pós, pastas, blocos, etc. Essa é uma definição arbitrária e varia conforme a legislação considerada.

Na preparação de cosméticos são envolvidos conhecimentos científico-tecnológicos em diversas áreas, como Química, Física, Físico-Química, Engenharia, Biologia e Medicina, entre outras, o que torna o assunto bastante complexo. A indústria emprega uma variedade de polímeros, destacando-se os naturais e naturais modificados. É importante destacar que cosméticos não são medicamentos.

Os cosméticos visam essencialmente compensar o gradual ressecamento dos tecidos, causados pelo tempo, principalmente quando a epiderme sofre exposição sistemática às intempéries. Em muitos casos, a ação dos cosméticos está relacionada à presença de polímeros contendo grupamentos hidroxilados, capazes de manter a hidratação da pele devido à retenção de moléculas de água através de ligações hidrogênicas. Os grupamentos hidroxila são numerosos em polissacarídeos naturais ou quimicamente modificados. Os polímeros apresentam sobre as moléculas pequenas a capacidade de formação de películas, de mais difícil remoção pela água ou pelo atrito, capazes de reter por mais tempo o teor de umidade desejado. Por essa razão, são muto úteis em formulações cosméticas.

Os *cosméticos para a pele* podem ser de diversos tipos: cremes, aquosos ou não-aquosos; loções, emulsionadas ou não; e pós.

Dentre os *cremes aquosos*, destacam-se os chamados *cremes frios* ("cold creams") para limpeza, massagem, ação emoliente/lubrificante, com hormônios, com vitaminas. Também os cremes evanescentes, para bases de maquiagem, para a face e mãos, para desodorantes/antiperspirantes. Dentre os *cremes não-aquosos*, encontram-se o *ruge* em pasta ("rouge", "blush"), bases de maquiagem, cremes para olhos, para massagem, para barbear, liquefativos, emolientes, exfoliantes, depilatórios, desodorantes/antiperspirantes, filtros solares, máscaras faciais. Quanto a *loções emulsionadas*, são exemplos as loções lubrificantes, bronzeadoras, para bebês, para repelir insetos, para barbear, para pés, mãos e unhas. Entre as *loções não-emulsionadas*, encontram-se loções adstringentes, refrescantes, bronzeadoras, desodorantes/antiperspirantes, para barbear, para os pés. Em relação aos *pós*, são encontrados os faciais/corporais, como pós-de-arroz, talcos, também pós desodorantes, pós para banho de espuma.

Os *cosméticos para os lábios* que empregam produtos poliméricos em sua composição são os batons líquidos. Em geral, são produtos naturais modificados, solúveis em solventes orgânicos e, assim, susceptíveis de formar sobre os lábios uma tênue película colorida, de prolongada duração, mantendo as bordas nítidas, resistentes à ação de líquidos aquosos e de resíduos gordurosos dos alimentos.

Os *cosméticos para os cabelos* incluem os preparados para o couro cabeludo e para limpeza e embelezamento dos cabelos. Podem ser produtos hidrossolúveis, polissacarídicos, naturais ou modificados; ou sintéticos, solúveis em líquidos voláteis; ou ainda proteicos. Sob a forma líquida, encontram-se como soluções em xampus e preparados condicionadores e fixadores. Como emulsões, em xampus e condicionadores. Podem ainda apresentar-se como géis ou pastas.

Os *cosméticos para as unhas* empregam polímeros sintéticos nos "esmaltes" (seriam mais adequadamente denominados "lacas"), além de polímeros naturais como a queratina, usada em redutores de cutícula.

Finalmente, os *cosméticos para os dentes* utilizam polímeros em pastas dentifrícias, em geral produtos hidrossolúveis, de origem natural, modificados ou não.

Tal como nos alimentos, os principais polímeros encontrados nos cosméticos são também naturais, modificados ou não — porém seu consumo é em quantidade muito inferior àquela empregada industrialmente para preparações alimentícias.

Da mesma maneira, as propriedades de espessamento de soluções e formação de géis, de rigidez diversificada, são as mais procuradas para atender às exigências das preparações cosméticas.

Nos cosméticos sob a forma de cremes e loções para a pele são comuns: polissacarídeos (agar, alginato de sódio, xantana, dextrana); polissacarídeos modificados (CMC, HEC); proteínas (colágeno); e polímeros sintéticos (PVAl, PDMS). Cosméticos sob a forma de pó podem conter amido. Nos cosméticos para os lábios, destacam-se CAc, CN e PVAl. Nos cosméticos para os cabelos, podem ser encontrados polímeros sintéticos (PVP, PVAc, PDMS), polissacarídeos, naturais ou modificados (alginato de sódio, CMC, HEC), e ainda proteínas, parcialmente hidrolisadas (queratina). Nos cosméticos para as unhas, são utilizados polissacarídeos quimicamente modificados (CAc e CN), proteínas, parcialmente hidrolisadas (queratina) e PDMS. Finalmente, nos cosméticos para uso dental, têm aplicação os polissacarídeos naturais (xantana) ou modificados (CMC, HEC), além de PDMS.

Nos cosméticos, os polímeros funcionam apenas como um aditivo, a fim de fornecer ao produto a textura e aspecto desejados, como a firmeza da espuma em xampus e pastas dentifrícias. Outros produtos químicos, utilizados como *aditivos*, têm papel fundamental, especialmente quanto ao aroma e à preservação.

Assim como nos adesivos, nas tintas e nos alimentos, no estudo de cosméticos é também importante o conhecimento dos fenômenos reológicos, isto é, relativos a deformação e escoamento da matéria, conforme já comentado no **Capítulo 10**.

Os polímeros sintéticos industriais mais importantes encontrados em cosméticos são PVAl, PVP, tal como mostrado no **Quadro 85** e detalhados nos **Quadros 86** e **87**, respectivamente. Outros polímeros, como PDMS (**Capítulo 12**), CAc (**Capítulo 14**), PVAc e CN (**Capítulo 16**), agar, alginato, CMC, HEC e amido (**Capítulo 17**), que também têm importância nesse setor industrial, já foram comentados anteriormente neste livro.

Quadro 85 — Polímeros industriais mais importantes em cosméticos

Sigla	Nome	Processo de polimerização	Quadro (n.º)
PVAl	Poli(álcool vinílico)	Modificação química	86
PVP	Poli(vinil-pirrolidona)	Poliadição	87

	Quadro 86 — Polímeros em cosméticos de importância industrial: Poli(álcool vinílico) (PVAl)	
Precursor	$-(-H_2C - CHOAc-)_{\overline{n}}$ Poli(acetato de vinila)
Polímero	$-(-H_2C - CHOH-)_{\overline{r}}(-CH_2 - CHOAc-)_{\overline{s}}$ Poli(álcool vinílico)
Preparação	• Modificação química. Poli(acetato de vinila), ácido ou base, água ou metanol, refluxo.
Propriedades	• Peso molecular: $10^3-1\times10^4$; d: 1,25–1,35 • Cristalinidade: amorfo; T_g: 85°C; T_m: 150°C dec. • Material termoplástico. Adesividade. Solúvel em água. Resistência a solventes, graxas, gases e vapores.
Aplicações	• Em adesivos: como adesivo e espessante. • Em cosméticos: espessante em loções, xampus, etc. • Em tecidos: espessante em banhos para acabamento. • Em tintas: espessante em emulsões aquosas.
Nomes comerciais	• Mowiol, Alcotex.
No Brasil	• —
Observações	• Não é possível obter PVAl pela poliadição do álcool vinílico, porque este composto não existe livre; é um tautômero do aldeído acético, que predomina no equilíbrio. • A finalidade a que se destina o PVAl define a proporção de grupos hidroxila/acetato, que é importante nas formulações industriais de emulsão, especialmente para polimerizações por adição, em que o iniciador é hidrossolúvel e o tamanho das micelas é um fator crítico. • As propriedades de PVAl são definidas pela seqüência dos grupos laterais, pelo peso molecular e pelo grau de hidrólise do PVAc.

Quadro 87 — Polímeros em cosméticos de importância industrial: Poli(vinil-pirrolidona) (PVP)

Monômero	Vinil-pirrolidona
Polímero	Poli(vinil-pirrolidona)
Preparação	• Poliadição em solução. Monômero, peróxido de hidrogênio, água, 50°C
Propriedades	• Peso molecular: 10^3–10^6; d: – • Cristalinidade: amorfo; T_g: 126–174°C; T_m: – • Material termoplástico. Adesividade. Solúvel em água e solventes orgânicos. Baixa toxicidade.
Aplicações	• Nas indústrias de cosméticos, farmacêutica, têxtil, adesivos, tintas e de papel, como espessante ou emulsificante.
Nomes comerciais	• Kollidon, Periston.
No Brasil	• —
Observações	• PVP tem especial aplicação como absorvedor e lento liberador de iodo, de extraordinário efeito anti-escaras, em pacientes idosos, imobilizados em camas de hospital. O complexo de forte coloração castanha é semelhante ao complexo azul, característico do amido em presença de iodo. • A grande solubilidade em água do PVP e as características de flexibilidade do filme formado das soluções aquosas tornam este polímero excelente base para laquês e géis de cabelo.

Bibliografia recomendada

- H. Edelstein — *"Cosmetic Applications", in H.F. Mark, N.M. Bikales, C.G. Overberger and G. Menges, "Encyclopedia of Polymer Science and Engineering", Index Volume, J. Wiley, New York, 1990, pág. 18-30.*

- H. Isacoff — *"Cosmetics", in H.F. Mark, J.J. Mcketta, Jr & D.F. Othmer, V.6, John Wiley, New York, 1965, pág. 346-375.*

- W.J. Roff & J.R. Scott — *"Fibres, Films, Plastics and Rubbers", Butterworth, London, 1971.*

- E.S. Barabas — *'N-Vinyl Amide Polymers", H.F. Mark, N.M. Bikales, C.G. Overberger and G. Menges, "Encyclopedia of Polymer Science and Engineering", V.17, John Wiley, New York, 1989, pág. 198-257.*

- C.A. Finch — *"Polyvinyl Alcohol", John Wiley, London, 1973.*

PROCESSOS INDUSTRIAIS DE PREPARAÇÃO DOS PRINCIPAIS MONÔMEROS

De acordo com a origem, os monômeros podem basicamente ser classificados em dois grandes grupos: os que provêm de fontes fósseis e os que são oriundos de fontes renováveis. No primeiro caso, incluem-se: carvão, petróleo, gás natural e xisto betuminoso. No segundo caso, existem matérias-primas de fontes vegetais e animais, cujo interesse econômico é específico e depende de uma diversidade de fatores, além dos aspectos técnicos.

As primeiras fontes energéticas industriais foram o *carvão* ("coal") e o *petróleo* ("oil"), que também são importantes fontes de matéria-prima. Do carvão obtém-se o carbeto de cálcio, que dá origem ao acetileno, do qual se derivam muitos monômeros. Do petróleo, retira-se a nafta, cujo craqueamento leva ao etileno e outras olefinas. O gás natural e o xisto betuminoso são ainda usados principalmente como fontes de energia. Atualmente, começa a surgir interesse no gás natural como matéria-prima fóssil na síntese industrial de compostos químicos.

O enorme crescimento da indústria petroquímica, a partir de II Guerra Mundial, propiciou o fornecimento da matéria-prima para o desenvolvimento da indústria de monômeros e, paralelamente, da indústria de polímeros. No Brasil, a busca sistemática por petróleo começou em fins da década de 40; as primeiras jazidas descobertas eram terrestres, localizadas no Recôncavo Baiano, e começaram a operar em 1947, tendo se revelado bastante inferiores às expectativas. A partir de 1971, com o sucesso da exploração das jazidas submarinas européias no Mar do Norte, despertou-se no Brasil o interesse pela prospecção na sua imensa plataforma continental, com resultados promissores. Atualmente, as maiores jazidas de petróleo do País estão localizadas no litoral norte do Estado do Rio de Janeiro, e foram descobertas e são exploradas pela PETROBRÁS, que detém tecnologia de ponta em exploração em águas profundas ("off shore"). Segundo a classificação internacional mais adotada, proposta pela *Universal Oil Products*, UOP, o petróleo da Bacia de Campos é considerado *intermediário*, entre *naftênico* e *parafínico*. Dessas jazidas provêm cerca de 70% do petróleo consumido no Brasil, que atualmente atinge o total de 1.600.000 barris/dia.

A preocupação geral quanto ao crescente consumo de petróleo era principalmente pela possibilidade de esgotamento em futuro próximo das jazidas susceptíveis de exploração econômica, conhecidas àquela época. Em fins de 1973, instalou-se no mundo perplexo a crise econômica do petróleo, com todas as suas conseqüências na indústria de polímeros, revelando a necessidade de nova fontes energéticas, menos sensíveis a problemas político-geográficos.

Nos dias atuais, acresce a preocupação com a preservação ambiental do planeta. Apesar do imenso desenvolvimento tecnológico a nível mundial, a eficiência das máquinas ainda não eliminou o crescente aumento de consumo de combustível fóssil e a conseqüente poluição ambiental.

Não há substancial mundança nos processos de fabricação dos monômeros industriais. Os mais importantes, já relacionados no **Capítulo 4**, provém em geral de moléculas insaturadas, com 2 átomos de carbono: o acetileno, obtido a partir de carvão, e o etileno, de origem petroquímica. A insaturação permite as reações químicas que levam aos monômeros mais complexos. Outros monômeros são preparados a partir do benzeno, que pode ser tanto de origem carboquímica quanto de origem petroquímica. Há ainda outras matérias-primas, menos significativas do ponto de vista industrial, como óleo de rícino, de origem vegetal, e diversos gases como CO, CO_2, NH_3, CH_4, etc., a partir das quais alguns monômeros podem ser preparados. O **Quadro 88** reúne algumas das informações acima. Os **Quadros 89, 90, 91, 92, 93 e 94** mostram a preparação de monômeros respectivamente a partir de acetileno, etileno, outras olefinas, benzeno, ricinoleato de glicerila e outras matérias-primas.

Quadro 88 — Matérias-primas para a preparação de monômeros industriais		
Matéria-prima	Precursor	Monômero
Carvão	Acetileno	Etileno
		Cloreto de vinila
		Acetato de vinila
		Acrilonitrila
		Cloropreno
		Melamina
Petróleo	Etileno	Etileno
		Cloreto de vinila
		Glicol etilênico
		Óxido de etileno
		Acrilonitrila
		Acrilato de metila
		Estireno
	Propileno	Acrilonitrila
		Acrilato de metila
	Butenos/butano	Butadieno
	Benzeno	Anidrido maleico
		Fenol
		Caprolactama
		Ácido adípico
		Hexametilenodiamina
Óleo vegetal	Ricinoleato de glicerila	Ácido ω-amino-undecanóico
Gases	CO	Aldeído fórmico
	CO_2	Uréia
	CH_4	Aldeído fórmico
	Fosgênio	Diisocianato de alquileno
Outras	CH_3Cl	Dimetil-dicloro-silano
	$CHCl_3$	Tetraflúor-etileno

Quadro 89 — Preparação de monômeros a partir de acetileno

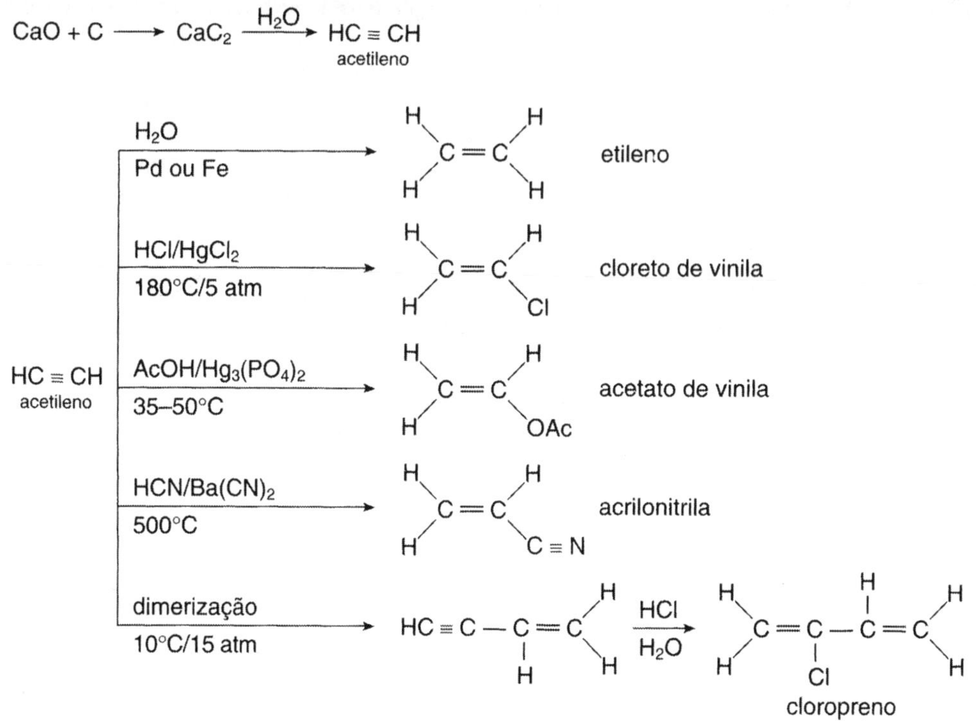

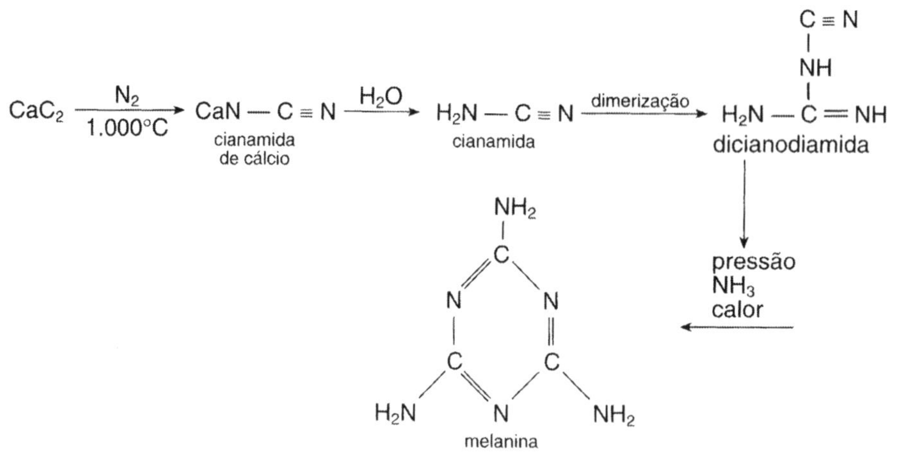

$$CaO + C \longrightarrow CaC_2 \xrightarrow{H_2O} HC \equiv CH \quad \text{(acetileno)}$$

$HC \equiv CH$ (acetileno)

$\dfrac{H_2O}{Pd \text{ ou } Fe}$ → etileno

$\dfrac{HCl/HgCl_2}{180°C/5 \text{ atm}}$ → cloreto de vinila

$\dfrac{AcOH/Hg_3(PO_4)_2}{35-50°C}$ → acetato de vinila

$\dfrac{HCN/Ba(CN)_2}{500°C}$ → acrilonitrila

$\dfrac{\text{dimerização}}{10°C/15 \text{ atm}}$ → $HC \equiv C - C = CH$ $\xrightarrow[H_2O]{HCl}$ cloropreno

$$CaC_2 \xrightarrow[1.000°C]{N_2} CaN - C \equiv N \xrightarrow{H_2O} H_2N - C \equiv N \xrightarrow{\text{dimerização}} H_2N - C = NH$$

cianamida de cálcio — cianamida — dicianodiamida

$\downarrow$ pressão NH_3 calor

melanina

Quadro 90— Preparação de monômeros a partir de etileno

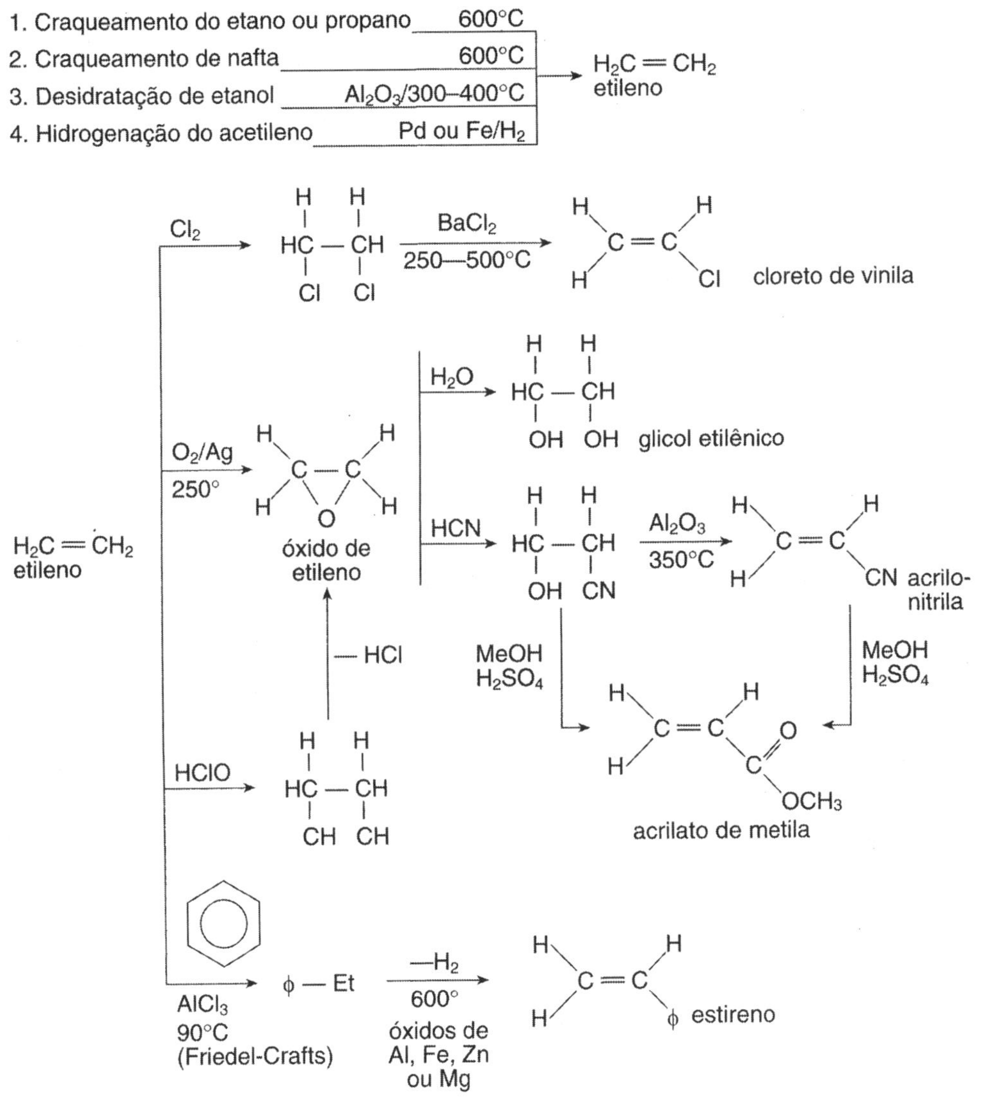

1. Craqueamento do etano ou propano ___ 600°C
2. Craqueamento de nafta ___ 600°C
3. Desidratação de etanol ___ Al_2O_3/300–400°C
4. Hidrogenação do acetileno ___ Pd ou Fe/H_2

$H_2C = CH_2$
etileno

$H_2C = CH_2$ etileno

Cl_2 →
HC — CH (H, H; Cl, Cl)
$BaCl_2$ / 250—500°C →
$C = C$ (H, H; H, Cl) cloreto de vinila

O_2/Ag / 250° →
óxido de etileno (C—C com O)

H_2O → HC — CH (OH, OH) glicol etilênico

HCN → HC — CH (OH, CN) **Al_2O_3 / 350°C** → $C = C$ (H, H; H, CN) acrilo-nitrila

MeOH / H_2SO_4 → $C = C$—C=O (OCH₃) acrilato de metila

MeOH / H_2SO_4 →

— HCl →

HClO → HC — CH (CH, CH)

$AlCl_3$ / 90°C / (Friedel-Crafts) → φ — Et **—H_2 / 600° / óxidos de Al, Fe, Zn ou Mg** → $C = C$ (H, H; H, φ) estireno

Quadro 91 — Preparação de monômeros a partir de propeno e butenos/butano

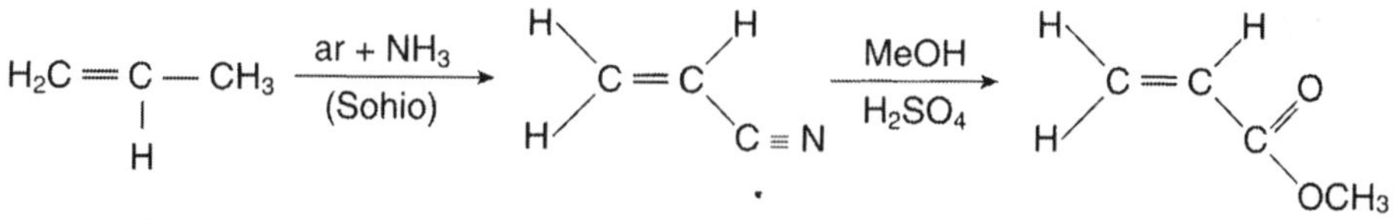

$$H_2C = C - CH_3 \xrightarrow[\text{(Sohio)}]{\text{ar} + NH_3}$$

propileno

acrilonitrila

$\xrightarrow[\text{H}_2\text{SO}_4]{\text{MeOH}}$

acrilato de metila

$$\left[\begin{array}{c} H_2C = C - C - CH_3 \\ H_3C - C = C - CH_3 \\ H_3C - C - C - CH_3 \end{array} \right] \xrightarrow[\text{(Houdry)}]{- H_2O \atop Cr_2O_3 - Al_2O_3} H_2C = C - C = CH_2$$

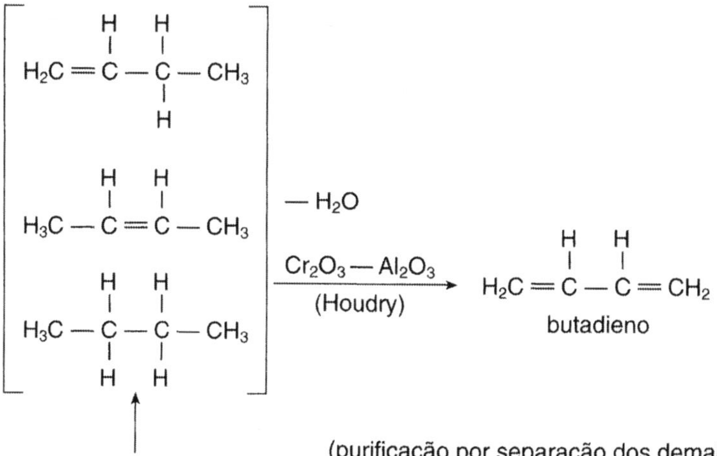

butadieno

craqueamento
catalítico
do petróleo

(purificação por separação dos demais gases com acetado de cobre amoniacal, que forma, com o butadieno, a –8°C, um complexo, o qual se decompõe, por elevação da temperatura, a 80°C)

Quadro 92 — Preparação de monômeros a partir de benzeno

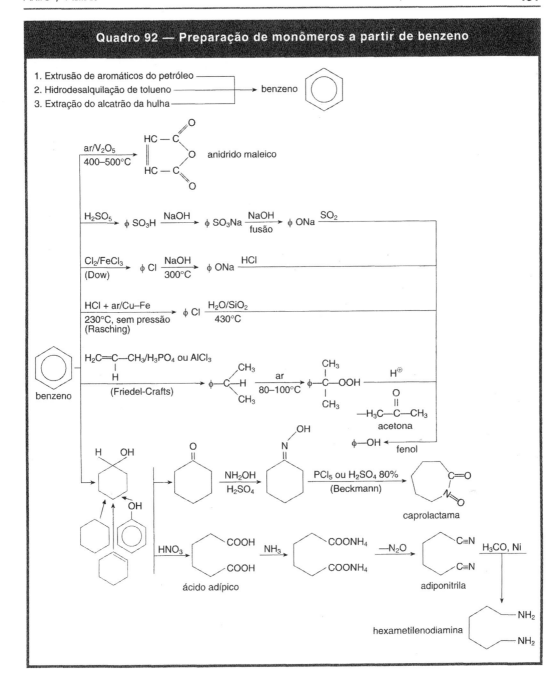

Quadro 93 — Preparação de monômeros a partir de ricinoleato de glicerila

Óleo de rícino (*Ricinus communis*) contém principalmente glicerídeos de ácido ricinoleico:

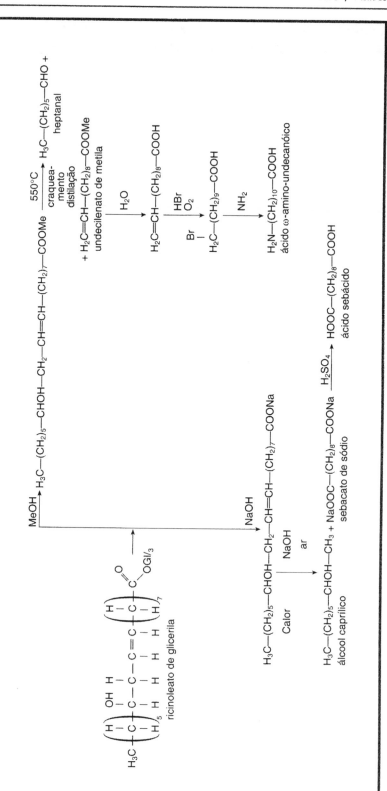

Quadro 94 — Preparação de monômeros a partir de outros precursores

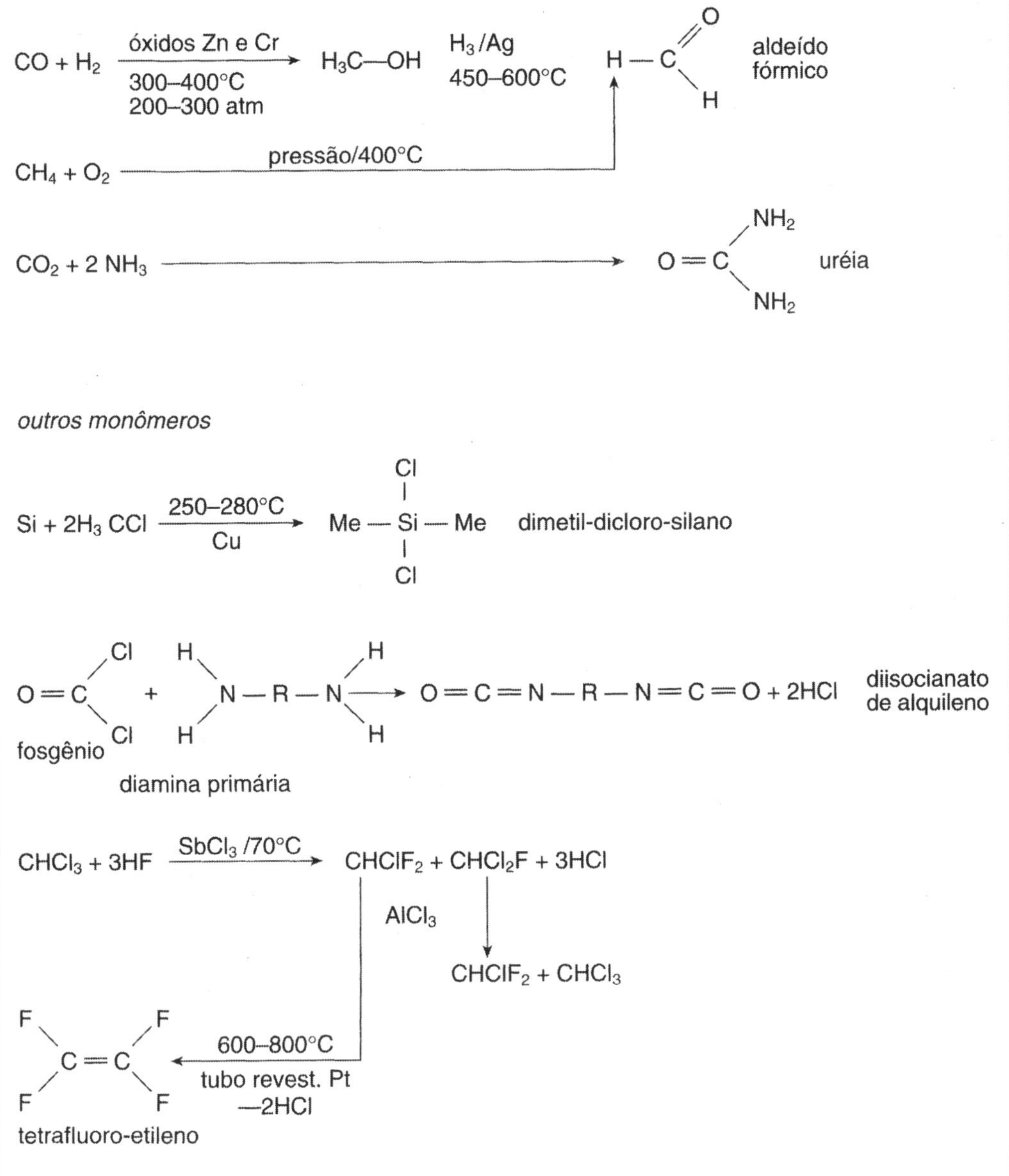

$$CO + H_2 \xrightarrow[\substack{300-400°C \\ 200-300\ atm}]{\text{óxidos Zn e Cr}} H_3C—OH \xrightarrow[450-600°C]{H_3/Ag} H—C \overset{O}{\underset{H}{\diagdown}} \quad \text{aldeído fórmico}$$

$$CH_4 + O_2 \xrightarrow{\text{pressão/400°C}}$$

$$CO_2 + 2\ NH_3 \longrightarrow O = C \overset{NH_2}{\underset{NH_2}{\diagdown}} \quad \text{uréia}$$

outros monômeros

$$Si + 2H_3 CCl \xrightarrow[Cu]{250-280°C} Me — \overset{Cl}{\underset{Cl}{\overset{|}{\underset{|}{Si}}}} — Me \quad \text{dimetil-dicloro-silano}$$

$$O = C \overset{Cl}{\underset{Cl}{\diagup}} + \overset{H}{\underset{H}{\diagup}} N — R — N \overset{H}{\underset{H}{\diagup}} \longrightarrow O = C = N — R — N = C = O + 2HCl \quad \substack{\text{diisocianato} \\ \text{de alquileno}}$$

fosgênio

diamina primária

$$CHCl_3 + 3HF \xrightarrow{SbCl_3\ /70°C} CHClF_2 + CHCl_2F + 3HCl$$

$$\downarrow AlCl_3$$

$$CHClF_2 + CHCl_3$$

$$\overset{F}{\underset{F}{\diagup}} C = C \overset{F}{\underset{F}{\diagdown}} \xleftarrow[\substack{\text{tubo revest. Pt} \\ —2HCl}]{600-800°C}$$

tetrafluoro-etileno

Bibliografia recomendada

- A.I. Vogel — *"Química Orgânica", Ao Livro Técnico, Rio de Janeiro, 1971.*
- P.H. Groggins — *"Unit Processes in Organic Synthesis", McGraw-Hill, Tokyo, 1958.*

ÍNDICE DE ASSUNTOS

a, 33
ABS, 11, 95
Absolute viscosity, 30
Absorção, 133, 134
Acabamento, 66
Acacia, 131
Acelerador, 59
Acetato de celulose, 109, 112
Acetato de vinila, 17, 125, 139, 165, 166
Acetileno, 164-166
Ácido ε-aminocapróico, 20
Ácido ω-aminoundecanóico, 20, 165, 170
Ácido acrílico, 17
Ácido adípico, 19, 117, 165, 169
Ácido aspártico, 113, 114, 154
Ácido carbônico, 19
Ácido galacturônico, 151
Ácido glicurônico, 153
Ácido glutâmico, 133, 114, 154
Ácido manurônico, 153
Ácido ricinoleico, 170
Ácido sebácico, 170
Ácido silícico, 77, 87
Ácido tereftálico, 19
Ácidos de Lewis, 40, 41
Acidulante, 146
Acil-uréia, 105
Acrilan, 115
Acrilato de butila, 17, 141
Acrilato de metila, 165, 167, 168
Acrilonitrila, 17, 85, 115, 165-168
Acrylonitrile butadiene rubber, 11
Acrylonitrile-butadiene-styrene terpolymer, 11
Active center, 30
Aderendo, 121
Adesão, 121, 135
Adesivo, 58, 90, 120, 121, 124, 125-128, 142
Adesivo de cianoacrilato, 124
Adesivo em emulsão, 123
Adesivo em solução, 123

Adesivo fundido, 93
Adesivo natural, 123
Adesivo no estado fundido, 123
Adesivo permanente, 123
Adesivo semi-sintético, 123
Adesivo sensível à pressão (PSA), 123, 125, 141
Adesivo sintético, 123
Adesivo temporário, 123
Adherend, 121
Adhesion, 121
Adhesive, 120
Adiponitrila, 169
Adiprene, 104
Aditivo, 132, 134, 146, 159
Adsorção, 136
Agar, 148-149, 152, 159
Agente aglutinante, 132
Agente anti-UV, 134
Agente de cura, 59
Agente de espojamento, 59
Agente de terminação, 6
Agente de vulcanização, 59
Agente iniciador, 5
Agente tensoativo, 146
Aglutinante, 58
Água, 172
Alanina, 113, 114, 154
Alathon, 93
Alba, 139
Alcatrão, 131
Álcool caprílico, 170
Alcotex, 161
Aldeído butírico, 19
Aldeído fórmico, 19, 99, 101, 126, 165, 171
Alginato de sódio, 148-149, 153, 159
Algodão, 107, 108, 110, 111
Alimento, 58, 90
Alimentos, 154-157
Alofanato, 105
alt, 10
Alternate copolymer, 5

A

Alumínio, 138
Amassamento, 107, 108
Amberlite, 102
Ameripol CB, 79
Ameripol SN, 80
Amido, 148-149, 159
Amilopectina, 150
Amilose, 150
Amino-ácido, 113, 114
Ancoragem, 136
Ângulo de contato θ, 122
Anidrido, 142
Anidrido ftálico, 18
Anidrido maleico, 19, 165, 169
Antiumectante, 146
Antioxidante, 58, 146
Apodrecimento da madeira, 138
Araldite, 142
Arginina, 113, 114, 154
Aromatizante, 146
Asbesto, 107
Aspecto borrachoso, 60
Atactic, 7
Atático, 7
Ativador, 58
Auto-adesão, 120, 121, 122
Auto-reforço, 77, 80, 83
Average molecular weight, 24
Axialito, 37
Axiallite, 37
Azoderivado, 40, 41

B

b, 10
Bacia de Campos, 164
Bactericida, 134
Bakelite, 90, 102
Balata, 76
Bálsamo, 131
Banbury, 58
Base nitrogenada, 109
Base Nitrogenada/Di/Fosfato, 110
Bases de Lewis, 40, 41
BASF, 95, 139
Bastão, 37
Bayer, 84
Beckmann, 169
Benzeno, 165, 169
Berzelius, 3, 8
Bicho-da-seda, 108, 114
Bidim, 118
Binder, 58, 132
Bingham, 62
Biodegradável, 51
Biogênese, 109, 110, 113, 114, 150-154
Biopolímero, 8
Biorientado, 109
Birefringence, 64

Birrefringência, 64
Bisfenol A, 56-142
Biureto, 105
Blend, 90
Block copolymer, 5
Blow molding, 65
Bombicídius, 114
Bombyx-mori, 114
Borracha, 11, 15, 58, 65, 75, 77, 88
Borracha butílica, 83
Borracha de copolímero de butadieno e acrilonitrila, 11
Borracha de copolímero de butadieno e estireno, 11
Borracha de copolímero de isobutileno e isopreno, 11
Borracha de polibutadieno, 11
Borracha de policloropreno, 11
Borracha de poliisopreno, 11
Borracha de poliuretano, 11
Borracha natural, 11, 25, 75, 76, 77, 80
Borracha sintética, 76
Borracha termoplástica, 11, 45
Borrachoso, 60
BR, 11, 76, 77, 79
Branch, 7
Branched polymer, 7
Branching, 47
Brasfax, 94
Brönsted, 136, 137
Bulk polymerization, 52
Buna N, 85
Buna S, 84
Butadiene rubber, 11
Butadieno, 17, 79, 84, 85, 165, 168
Butano, 165, 168
Butenos, 165, 168
Butvar, 128
By product, 39

C

Cabeça—cabeça, 6
Cabeça—cauda, 6
CAc, 98, 107, 108, 109, 112, 131, 159
Cadeia dobrada, 35, 36
Cadeia estendida, 64
Caimento, 108, 111
Calandragem, 65, 69
Calender, 69
Calendering, 65
Calor, 40
Calorimetria de varredura diferencial, 34
Cânhamo, 107, 108
Caoutchouc, 65
Caprolactama, 165, 169
ε-Caprolactama, 20, 116
Capron, 116
Características reológicas, 60
Características tecnológicas, 130
Carbeto de cálcio, 164
Carboidratos, 146

Carbonato de difenila, 19
Carboxi-metil-celulose, 156
Carga, 58, 59
Carga elétrica, 121
Carga inerte, 59, 138
Carga reforçadora, 59, 138
Cariflex BR, 79
Cariflex I, 80
Cariflex S, 125
Carothers, 4, 8
Carragenana, 148
Carvão, 164, 165
Cascamite UF, 126
Casting, 65
Castor Oil, 123
Catalisadores de Kaminsky, 41, 45
Catalisadores de Ziegler-Natta, 41, 45, 55, 57, 79, 80, 82, 91, 94
Caucho, 75
Cauda—cauda, 6
CBE, 95
CED, 64
Celanese, 115
Celcon, 99
Celeron, 102
Cellophane, 25, 28, 111
Celluloid, 143
Celofane, 111
Celulose, 107, 109. 110, 143, 155, 157
Celulose nativa, 25, 111, 112
Celulose regenerada, 25, 108, 109
α-Celulose, 103, 126
Centro ativo, 39
Centros quirais, 7
Cera de abelha, 131
Chain fold, 35
Chain reaction, 5, 38
Chain transfer, 47
Chemigum, 85
Chiral centers, 7
Chirality, 6
Chloroprene rubber, 11
Chloroprene, 17, 81
Chlorosulfonated methylene elastomer, 11
Cianamida, 166
Cianamida de cálcio, 166
Cianoacrilato de metila, 124
Ciba-Geigy, 142
Ciclização, 51
Cilia, 36
Cílios, 36
Cistina, 113, 114, 154
Clara de ovo, 131
Classificação de alimentos, 146
Classificação de cosméticos, 158
Classificação de polímeros, 13, 14
Classificação de tintas, 132
Cloreto de vinila, 17, 96, 165–167

Cloreto de vinilideno, 17
Cloropreno, 165, 166
CMC, 148, 149, 156, 159
CN, 131, 138, 139, 143, 159
Coal, 164
Coating, 130
Coesão, 121
Coextrusão, 69
Coextrusion, 69
Cofade, 104
Cohesion, 121
Cohesive energy density, 64
Colágeno, 159
Cold drawing, 64
Cold flow, 61
Combinação, 6, 47
Commodities, 50, 90
Comonomer, 5
Comonômero, 5
Compatibilidade, 135
Complexo de coordenação, 39
Componente estrutural, 58
Componente matricial, 58
Componente volátil, 131, 132
Componente-base, 131–132
Composição, 58
Composição de revestimento, 130, 131
Composição moldável, 59
Composição polimérica, 59
Composição química, 22
Composição vulcanizável, 59
Composite, 58
Compósito, 58, 108, 115
Compound, 68
Compressão, 65, 68, 122
Compression molding, 65
Configuração, 22
Conformação, 22
Conservante, 146
Constituição, 22
Contact angle, 122
Conversão, 38
Conversion, 38
Coordination complex, 39
Coperflex, 79
Copolímero, 5
Copolímero alternado, 7
Copolímero de anidrido ftálico, anidrido maleico e glicol propilênico, 101
Copolímero de butadieno e acrilonitrila, 76, 77, 85
Copolímero de butadieno e estireno, 76, 77, 84
Copolímero de butadieno, estireno e acrilonitrila, 95
Copolímero de cloreto de vinila e acetato de vinila, 96
Copolímero de estireno e acrilonitrila, 11, 95
Copolímero de estireno e butadieno, 11, 95
Copolímero de etileno e acetato de vinila, 11, 93. 124, 125

Copolímero de etileno, propileno e 5-etilideno-2-norborneno, 82
Copolímero de etileno, propileno e dieno não conjugado, 76, 77, 82
Copolímero de fluoreto de vinilideno e hexaflúor-propileno, 76, 77, 82
Copolímero de ftalato de propileno e maleato de propileno, 11
Copolímero de isobutileno e isopreno, 76, 77, 85
Copolímero aleatório, 5
Copolímero em bloco, 5
Copolímero enxertado, 5
Copolímero estatístico, 5
Copolímero graftizado, 5
Copolímero randômico, 5
Copolymer, 5
Cor, 134
Cor absorvida, 134
Cor visível, 134
Coral, 80
Corante, 59, 134, 146
Corda, 108
Corona, 137
Corrosão, 138
Cosmético, 58, 90
Cosméticos, 158–162
Coupling, 47
CR, 11, 27, 52, 76, 77, 81, 124
Crafts, 169
Creep, 61
Crioscopia, 27, 28, 32
Cristalinidade, 34, 64, 138
Cristalito, 35, 36, 63
Cristóvão Colombo, 75
Croché, 108
Crochet, 108
Cromatografia de permeação em gel, 27, 28, 32
Cromatografia exclusão por tamanho molecular, 27, 29
Cromatografia líquida, 29
Crosslinked polymer, 7
Crosslinks, 7
Cryoscopy, 27
Crystallinity, 34
Crystallite, 35
CSM, 11
Cura, 50, 101
Cure, 50
Curva de distribuição, 24
Cymel, 103

D

Dacron, 118
Defeito, 36
Deformação elástica, 60
Deformação elástica na faixa estreita, 61
Deformação elástica na faixa larga, 61
Deformação lenta sob carga, 61
Deformação não-elástica, 61

Deformação plástica, 61
Deformação viscosa, 61
Degree of polymerization, 3
Degree of substitution, 112, 143
Delrin, 99
Demão, 133
Densidade energia coesiva, 64
Desproporcionamento, 6, 47
Determinação de grupos terminais, 27, 29, 32
Dextrana, 159
Di-(4-isocianoxi-fenil)-metano, 20
2,2-Di-(p-fenilol)-propano, 17
Dicianodiamida, 166
Dicloro-dimetil-silano, 87
1,2-Dicloroetileno, 88
4,4'-Difenilol-propano, 142
Differential scanning calorimetry, 34
Difração, 133
Difração de elétrons, 34
Difração de raios-X, 34
Difusão, 136, 138
Diisocianato, 104
Diisocianato de alquileno, 165, 171
2,4-Diisocianoxi-tolueno, 20
Dilatant, 62
Dilatante, 62
Dimetil-dicloro-silano, 165
Dimetilformamida, 115
Dimetilol-uréia, 126
Diol, 104
Dipole-dipole bond, 37, 64
Dipolo—dipolo induzido, 137
Dipolo—dipolo permanente, 137
Dipping, 66
Dispersante, 134
Dispersão, 135
Disproportionation, 47
Doador—aceptor, 137
Dobra, 35
Dow, 142, 169
DP, 3
Dralon, 115
Dry spinning, 66
DS, 112, 143
DSC, 34
DSM Brasil, 82
Dúctil, 58
DuPont, 118
Durepoxi, 142
Duro, 60
Durolon, 100
Duroprene, 104
EB, 27, 32

E

Ebonite, 90
Ebulioscopia, 27, 28, 32
Ebullioscopy, 27

EDN, 95
EDN / Dow, 95
Edulcorante, 146
Efeito Joule, 76
EG, 27, 32
Egyptian blue, 131
Elasticidade, 60, 75, 76, 80
Elástico, 60
Elastomer, 11, 15, 75
Elastômero, 11, 15, 75
Elastômero de copolímero de etileno, propileno e dieno não-conjugado, 11
Elastomero de copolímero de fluoreto de vinilideno e hexaflúor-propileno, 11
Elastômero de poli(sulfeto orgânico), 11
Elastômero de polietileno cloro-sulfonado, 11
Elastômero de polissiloxano, 11
Electron diffraction, 34
Elétron, 41
Elf Atochem, 126
Eltex, 91
Elvacet, 139
Elvax, 125
Empacotamento, 107
Emulsion polymerization, 52
Enamel, 131
Encadeamento, 6
Enchainment, 6
End-group titration, 27
Energia de ligação, 136, 137
Entanglement, 3
Enxofre, 77-80, 82-85
EOT , 11, 76, 77, 88
EPDM, 11, 76, 77, 88
Epicloridrina, 18, 142
Epoxy resin, 11
Equilíbrio de sedimentação, 30
ER, 11, 90, 131, 138, 139, 142
Escoamento ao próprio peso, 61
Esferulito, 37
Esmalte, 131-132
Espalhamento, 67, 133
Espalhamento de luz, 27, 32
Espectro eletromagnético, 40
Espectrometria no infravermelho, 34
Espessamento, 146
Espessante, 146
Estabilizador, 59
Estabilizante, 146
Estane, 104
Estéreo-bloco, 7
Estereoespecificidade, 45
Estereorregular, 40, 45
Estereorregularidade, 40
Esterificação, 51
Estiramento, 108, 109, 133
Estiramento a frio, 64, 67, 90
Estireno, 17, 84, 95, 165, 167

Estrangulamento, 63
Estrutura do mero, 10
Estrutura primária, 34
Estrutura secundária, 35
Estrutura terciária, 35
Etereficação, 51
Ethylene propylene diene methylene elastomer, 11
Ethylene-vinyl acetate copolymer, 11
Etileno, 17, 82, 91, 125, 164-167
5-Etilideno-2-norborneno, 82
Eucalipto, 107, 110
Eucaliptus sp., 107, 110
Euforbiácea, 75, 77
EVA, 11, 93, 124, 125
Extended chain, 60
Extrusão, 65, 69, 70
Extrusão de filme inflado, 69
Extrusão reativa, 70

F
Fabric, 108
Faraday, 75
Fazenda, 108
Felt, 108
Feltro, 108
Fenil-alanina, 113, 114, 154
Fenol, 102, 165, 169
Fenômeno reológico, 123, 138
Fiação por fusão, 65, 108
Fiação seca, 66, 108
Fiação úmida, 66, 72, 108
Fibra, 15, 58-59, 90, 107, 118
Fibra animal, 107, 108, 115
Fibra de vidro, 101
Fibra mineral, 107
Fibra natural, 107
Fibra ótica, 89
Fibra sintética 107, 108
Fibra têxtil, 107
Fibra vegetal, 107
Fibrila, 110
Fibroína, 114
Fieira, 67, 72
Filme, 90, 109
Fio contínuo, 108
Fio têxtil, 61
Fischer, 35
Flory, 8
Fluido de Bingham, 62
Fluido dilatante, 62
Fluido não-Newtoniano, 62
Fluido Newtoniano, 62
Fluido pseudoplástico, 62
Fluido reóptico, 62
Fluido tixotrópico, 62
Fluon, 97
Fluorel, 86
Fluoreto de vinilideno, 86

Fluorinated propylene methylene elastomer, 11
Fold , 35
Fontes fósseis, 164
Fontes renováveis, 164
Força de dispersão de London, 137
Força de valência, 121
Força de van der Waals, 137
Fórmica, 102
Formiplac, 102
Formiplac-Nordeste, 103
Formulação, 59
Formvar, 127
Fosgênio, 19, 100, 1656
FPM , 11, 76, 77, 86
Frágil, 58
Fragilidade, 60
Free radical, 39
Free volume, 3
Friedel, 169
Friedel-Crafts, 169
Fringed micela, 35
Funcionalidade, 16

G

Gallalite, 90
Gás natural, 164
Gasket, 120
Gas-phase polymerization, 52
Gaxeta, 120, 121, 122
Gel, 51, 53
Gel permeation chromatography, 27
Gelana, 148, 149
Gelatina, 131, 148–149, 154
Geleificação, 145, 146
Geon, 96
Germe, 36
Glass transition temperature, 63
Glass-reinforced polyester, 11
Glicerol, 17
Glicina, 113, 114, 154
Glicol etilênico, 17, 118, 165, 167
Glicol propilênico, 17
Glicose, 150
Glúten, 150
Goma arábica, 131
Goma pura, 59
Gomma, 75
Gordura, 146
Gossypium sp., 25, 110
GPC, 27, 29, 32
Graft copolymer, 5
Grânulo, 59
Grão de amido, 150
Grau de acetilação, 112
Grau de polimerização, 3
Grau de substituição, 143
Grignard, 40
Grilamid, 116

Grilon, 116
GRP , 11
Grupo terminal, 28
Gummi, 75
Gutapercha, 76

H

Halogenação, 51
Hard, 60
HDPE, 11, 26, 91
Head-to-head, 6
Head-to-tail, 6
Heat build-up, 61
HEC, 159
Heptanal, 170
Heterotactic, 7
Heterotático, 7
Hevea brasiliensis, 11, 25, 75, 77, 80
Hexaflúor-propileno, 86
Hexametilenodiamina, 18, 117, 165, 169
Hexametilenotetramina, 102
Hiding power, 133
Hidro-halogenação, 133
Hidrólise, 51
Hidroxi-prolina, 154
High density polyethylene, 11
High performance engineering material, 20
HIPS, 95
Histerese, 61, 76
Histidina, 113, 114, 154
Hoechst, 118, 139
Homopolímero, 5
Homopolymer, 5
Hooke, 61, 62
Hosiery, 108
Hostalen, 91
Hot melt, 93, 121, 123
Houdry, 168
Houwink, 33
Hycar, 85
Hydrogen bond, 37
Hysteresis, 61

I

IIR, 11, 76, 77, 83
Imersão, 66, 73
India rubber, 75
Índias Ocidentais, 75
Indústria têxtil, 107, 108
Infrared spectrometry, 34
Inherent viscosity, 30
Inibição, 49
Inibidor, 49
Iniciação, 38, 39
Iniciação eletroquímica, 42
Iniciação química aniônica, 42
Iniciação química catiônica, 42, 44
Iniciação química iônica, 42

Iniciação química via radicais livres por decomposição térmica, 42, 43

Iniciação química via radicais livres por oxi-redução, 42, 44

Iniciação radiante, 40

Iniciação térmica, 40

Iniciador hidrossolúvel, 52

Iniciador organossolúvel, 52

Initiating agent, 5

Initiation, 38

Injeção, 65, 68

Injeção reativa, 68

Injection molding, 65

Interação, 37

Interação ácido-base, 137

Interfacial polymerization, 52

Interlocking, 136

Intrinsic viscosity, 30

Ion, 39

Íon, 39

Ipiranga Petroquímica, 91

IQT, 139

IR, 11, 34, 76, 77, 80

Isobutileno, 17, 83

Isobutylene isoprene rubber, 11

Isoleucina, 113, 114

Isomer, 3

Isomerismo, 6

Isomerização, 51

Isômero, 3

Isoprene rubber, 11

Isopreno, 17, 80, 83

Isotactic, 7

Isotático, 7

Isótopo radioativo, 29

J

Jateamento, 136

Jersey, 112

Joule, 76

Junção, 120, 121

Junção de superfície, 122

Junta adesiva, 120, 121, 135

Juta, 107, 110

K

K, 33

Kaminsky, 40, 41, 45

Kel-F, 86

Keller, 35

Keltan, 82

Knitting, 108

Kodapak, 122

Kollidon, 262

L

Lã, 107, 108, 109, 113

Lã de ovelha, 25

Laca, 131-132

Lacquer, 131

Lamela, 36

Lamella, 36

Laminador, 69

Látex de seringueira, 25

LC, 29

LCP, 11

LDPE, 11, 90, 91, 93

Leeper, 35

Leito fluidizado, 52, 57

Leucina, 113, 114, 154

Lewis, 40, 41, 136, 137

Ligação covalente, 137

Ligação dipolo-dipolo, 37, 64

Ligação dipolo-dipolo induzido, 137

Ligação dipolo-dipolo permanente, 137

Ligação doador-aceptor, 136, 137

Ligação hidrogênica, 37, 64, 108, 136, 137, 145

Ligação iônica, 137

Ligação metálica, 137

Ligação primária, 136, 137

Ligação química, 137

Ligação secundária, 136, 137

Ligações cruzadas, 7

Light scattering, 28

Lignina, 107

Linear low density polyethylene, 11

Linear polymer, 7

Linho, 107, 108, 110

Liofilização, 148

Liquid chromatography, 19

Liquid crystalline polyester, 11

Lisina, 113, 114, 154

Living polymer, 4

Lixamento, 136

LLDPE, 11, 91

London, 137

Low density polyethylene, 11

LS, 27, 32

Lubrificante, 59

Lucite, 98

Lustrex, 95

Luz absorvida, 133

Luz difratada, 133

Luz espalhada, 133

Luz polarizada, 64

Luz refletida, 133

Luz refratada, 133

Lycra, 104

M

Macio, 60

Macromolécula, 1

Macromolecule, 1

Madeira, 107, 138

Makrolon, 100

Malha, 108, 112

Malváceas, 110
Manta, 108
Manucol, 153
Manutex, 153
MAO, 45
Mar do Norte, 164
Maresia, 138
Mariposa, 114
Mark, 33
Marlex, 91
Marvel, 6, 8
Massa crua, 59
Materiais de alto desempenho, 109
Material macio, 60
Material plástico, 90
Matriz, 36, 58
MC, 148, 149, 155
MDI, 104
Mecanismo de adesão, 136
Mecanismo de adsorção, 136
Mecanismo de ancoragem, 136
Mecanismo de difusão, 136
Mecanismo de iniciação aniônica, 42
Mecanismo de iniciação catiônica, 42
Mecanismo de iniciação com catalisador Ziegler-Natta, 46
Mecanismo de iniciação em poliadição através de calor, 41
Mecanismo de iniciação em poliadição através de radiação ultravioleta, 41
Mecanismo de iniciação em poliadição via radical livre por decomposição térmica, 43
Mecanismo de iniciação em poliadição via radical livre por oxirredução, 44
Mecanismo de propagação, 45
Mecanismo de propagação aniônica, 46
Mecanismo de propagação catiônica, 46
Mecanismo de propagação com catalisador Ziegler-Natta, 47
Mecanismo de propagação via radical livre, 46
Mecanismo de terminação aniônica, 48
Mecanismo de terminação catiônica, 48
Mecanismo de terminação via radical livre, 48
Mecanismo de terminação com catalisador Ziegler-Natta, 47
Mecanismo eletrônico, 136
Mecanismo homolítico, 40
Meias, 108
Melamina, 18, 103, 165, 166
Melamine resin, 11
Melchrome, 103
Melt spinning, 65
Melt temperature, 63
Mer, 3
Mero, 3
Metacril, 98
Metacrilato de metila, 17, 98
Metaloceno, 45
Methocel, 155
Metil-celulose, 155

Metionina, 113, 154
Mica, 138
Micela franjada, 35
Microeletrônica, 121
Microonda, 40, 94, 103
Microwave, 40
Mimusops bidentata, 76
Mirtáceas, 107, 110
Miscibilidade, 135
Mistura polimérica, 90
Misturador, 58, 69
Misturador aberto, 58
Misturador de cilindro, 58
Misturador fechado, 58
Misturador tipo Banbury, 58
Modificação de polímero, 51
Modificação química, 109
Modificador, 50
Modifier, 50
Módulo de elasticidade, 61
Módulo de Young, 61
Módulo elástico, 62
Moldagem a vácuo, 71
Moldagem por injeção reativa, 68
Molhabilidade, 122, 136
Monocristal, 37, 123
Monofilamento, 108
Monomer, 4
Monômero, 4
Monômeros, 164, 171
Monometileno-uréia, 126
Monometilol-uréia, 126
Monoorientado, 109
Monovinil-acetileno, 181
Mowilith, 139
Mowiol, 161
MQ, 11, 76, 77, 87
MR, 11, 139
Multifilamento, 108
Mylar, 118

N

n, 3
Nafta, 164
Náilon, 12
Náilon 6, 12
Náilon 6.10, 12
Náilon 6.6, 12
Natta, 7, 8, 40, 41, 79, 80, 82, 91
NBR, 11, 76, 77, 85, 124
NDP-Ácido galacturônico, 151
NDP-Glicose, 110, 150
Necking down, 63
Negro-de-fumo, 77-80, 82, 84-86, 88
Neoprene, 81
Newton, 62
Newtonian fluid, 62
Nitrato de celulose, 25, 90, 139, 143

Nitrato de poli(1,4'-anidro-celobiose), 25
Nitriflex, 84, 85
Nitrocarbono, 116
Nitroquímica, 111, 143
Nomenclatura de polímeros, 10
Non-Newtonian fluid, 62
Non-woven fabric, 108
Norvic, 96
Novelo, 178
Novolac, 133
Novos materiais, 20, 50, 109
NR, 11, 77, 124, 137
Number average molecular weight, 25
Nytron, 116

O

Off shore, 164
Oil, 164
Olefinas, 164
Óleo de rícino, 165
Óleo de mamona, 123
Óleo vegetal, 165
Oligomer, 3
Oligômero, 3
Ondas de rádio, 40
Opacidade, 133
Opacity, 133
OPP, 94
OPP Poliolefinas, 91, 92, 125
Orientação, 63, 64
Orientation, 63
Origem animal, 123
Origem do polímero, 10
Origem mineral, 123
Origem vegetal, 123
Orlon, 115
OS, 27, 32
Osmometria, 27
Osmometria de membrana, 27, 28, 32
Osmometria de pressão de vapor, 27, 28, 32
Osmometry, 27
Ostwald, 33
Ovis aries, 25, 113
Óxido de etileno, 18, 165, 167
Óxido de magnésio, 81, 86
Óxido de propileno, 18
Óxido de zinco, 88

P

PA, 124
PA 6, 11, 99, 100, 107, 108, 109, 116, 117
PA 6.6, 26, 90, 100, 107, 108, 109, 117
Paint, 131
Palaquium oblongifolium, 76
PAN, 107, 108, 109, 115
Papel, 107
Paracristal, 36
Paracrystal, 36

Parafuso, 120, 122
Parâmetro de solubilidade, 133, 135
Paraplex, 101
Parison, 69
PBA, 124, 138, 139, 141
PC, 90, 99, 100
PCTFE, 97
PDMS, 76, 77, 87, 124, 159
PE, 11
Pectina, 147-148, 151
Pegajosidade, 123, 125
Película de revestimento, 138
Pellet, 59
Perbunan C , 81
Perbunan N, 85
Percomposto, 40, 41
Periston, 162
Permeabilidade, 137, 138
Permeability, 137
Peróxido, 87
Perspex, 98
Peso molecular, 24
Peso molecular médio, 24
Peso molecular numérico médio, 24
Peso molecular ponderal médio, 24
Peso molecular viscosimétrico médio, 24
PET, 11, 26, 107, 108, 109, 118
Petroflex, 79, 84
Petróleo, 164, 165
Petrothene, 91, 92
Phenol resin, 11
Piaçava, 107
Pigmento, 132, 133, 134, 138
Pilha galvânica, 138
Pino, 120, 122
Pirimidínica, 109
Pirofosfato de geranila, 78
Pistola, 132
Placa, 37
Placas de compensado, 126
Placas do Paraná, 126
Plasticizer, 7
Plástico, 15, 59, 60, 65, 90-106
Plástico de engenharia, 116
Plásticos de comodidade, 91
Plásticos de especialidade, 91
Plastics, 15, 90
Plastificante, 7, 59, 134, 135
Plastificante interno, 7, 23
Plexiglas, 98
PMMA, 11, 26, 90, 91, 98, 112
Poder de cobertura, 133
Polarized light, 64
Poli(α-aminoácido), 25
Poli(1,4-α-D-ácido galacturônico), 151
Poli(1,4-β-D-glicose), 110
Poli(1,4-α-D-glicose), 150
Poli(1,4'-anidro-celobiose), 25

Poli(acetato de vinila), 11, 127, 128, 139, 161
Poli(acrilato de butila), 139, 141
Poli(álcool vinílico), 160, 161
Poli(cloreto de vinila), 11, 91, 97
Poli(cloro-triflúor-etileno), 97
Poli(dimetil-siloxano), 77, 87
Poli(hexametileno-adipamida), 12, 109, 117
Poli(hexametileno-sebacamida), 12
Poli(metacrilato de metila), 11
Poli(tereftalato de etileno), 11, 109, 118
Poli(tetraflúor-etileno), 91, 97
Poli(vinil-butiral), 124, 128
Poli(vinil-formal), 124, 127
Poli(vinil-pirrolidona), 160, 162
Poliacrilonitrila, 109, 115
Poliadição, 38, 39, 109
Polialden, 91
Poliamida 6, 11
Poliaminas, 142
Polibrasil, 94
Polibutadieno, 76, 77, 79
cis-Polibutadieno, 79
Policaprolactama, 12, 109, 116
Policarbonato, 91, 100
Policarbonatos, 100
Policloropreno, 76, 77, 81
Policondensação, 38, 39, 50, 109
Polidispersão, 27
Poliéster líquido-cristalino, 11
Poliéster reforçado com vidro, 11
Poliestireno, 91, 95
Polietileno, 11
Polietileno de alta densidade, 11, 91, 92
Polietileno de altíssimo peso molecular, 11
Polietileno de baixa densidade, 11, 91, 92
Polietileno linear de baixa densidade, 11, 91
Polietileno linear de altíssimo peso molecular, 91
Poliisopreno, 76, 77
cis-Poliisopreno, 25, 75, 76, 77, 80
trans-Poliisopreno, 76
Polimerização, 4
Polimerização em emulsão, 52, 55
Polimerização em fase gasosa, 52, 55
Polimerização em lama, 52, 55
Polimerização em massa, 52
Polimerização em solução, 52, 53
Polimerização em solução com precipitação, 54, 55
Polimerização em suspensão, 52, 56
Polimerização interfacial, 52, 56
Polímero, 3, 59
Polímero de comodidade, 50
Polímero de engenharia de alto desempenho, 20
Polímero de especialidade, 50
Polímero estéreorregular, 45
Polímero geleificante, 148
Polímero linear, 7
Polímero monodisperso, 27
Polímero natural, 24, 25, 34, 109

Polímero polidisperso, 27
Polímero ramificado, 7, 51
Polímero reticulado, 7, 51
Polímero sintético, 24, 26
Polímero vivo, 4
Polímeros naturais, 158
Polimolecularidade, 5, 22, 27
Poliolefinas, 92, 93
Polioximetileno, 91, 99
Polipropileno, 92, 93
Polissacarídeo, 145, 158
Polissilicato, 107
Polissilicato hidratado, 107
Polissiloxano, 76
Polissulfeto, 76, 77, 88
Polissulfeto de sódio, 88
Polisul, 91
Politeno, 91, 93, 125
Poliuretano, 11, 91, 104, 105
Poliuretano termoplástico, 104
Poluição, 51
Poly(ethylene terephthalate), 11
Poly(methyl methacrylate), 11
Poly(propylene phthalate maleate), 11
Poly(vinyl acetate), 11
Poly(vinyl chloride), 11
Polyaddition, 38
Polyamide 6, 11
Polycondensation, 38
Polydispersion, 27
Polyethylene, 11
Polyflon, 97
Polylite, 101
Polymer, 3
Polymer blend, 90
Polymerization, 4
Polysar S, 84
Polyurethane, 11
Polyurethane rubber, 11
POM, 91, 99, 100
PP, 91, 94
PPPM, 11, 101
PR, 11, 90, 102, 103, 124, 126, 131, 139
Pré-forma, 70
Prego, 120, 122
Preparação alimentícia, 147
Pré-polímero, 90, 122
Pré-polímero curável, 121
Preservação de alimentos, 147
Pressure sensitive adhesive, 141
Pressure sensitivy adhesive, PSA, 123
Pré-vulcanização, 69
Primer, 131
Processo rotacional, 66
Processos de polimerização, 39
Processos de transformação, 65, 66
Pro-fax, 94
Prolen, 94

Prolina, 113, 114, 154
Propagação, 38, 46
Propagation, 38
Propileno, 17, 82, 94, 165, 168
Propriedades intrínsecas, 58
Propriedades tecnológicas, 58
Propriedades típicas, 63
Proteína, 113, 145, 146
PS, 26, 90, 91, 98, 112, 137
PSA, 141
Pseudoplástico, 62
PU, 11, 76, 90, 91, 104, 124, 131, 139
PUR, 11, 76, 104
Pure gum, 59
Purínica, 109
PVAc, 11, 124, 131, 138-139, 159
PVAl, 124, 131, 139, 159-161
PVB, 124, 128
PVC, 11, 26, 91, 124, 131, 135
PVCAc, 96
PVF, 124, 127
PVP, 159, 160, 162

Q

Qualidade do alimento, 147
Queratina, 25, 113, 159
Quiralidade, 6

R

Radiação ultravioleta, 40
Radiações eletromagnéticas de alta energia, 40, 41
Radiações eletromagnéticas de baixa energia, 40, 41
Radiações no infravermelho, 40
Radiações no ultravioleta, 40
Radiações no visível, 40
Radical livre, 40
Raios cósmicos, 40
Raios-γ, 40, 41
Raios-X, 40, 41
Ramificação, 7, 47
Random copolymer, 5
Raoult, 27
Raschig, 169
Raw rubber, 59
Raion, 73
Raion viscose, 73, 111
RC, 104, 111
Reação em cadeia, 5, 38
Reação em etapa, 38
Reaction injection molding, 68
Reactive extrusion, 70
Rebarba, 65
Rebite, 120, 122
Reciclagem primária, 65
Reciclagem secundária, 65
Reciclagem terciária, 65
Recôncavo Baiano, 164
Reflexão, 133

Reforço, 36, 58
Refração, 133
Regulador de cadeia, 50
Relative viscosity, 29
Relaxação de tensão, 61
Rendimento, 38
Renner-DuPont, 103
Resana, 101, 102
Resin, 4
Resina, 4
Resina alquídica, 131, 138
Resina epoxídica, 11, 139
Resina fenólica, 11, 102
Resina melamínica, 11, 103
Resina sintética, 4
Resina ureica, 11, 124, 126
Resinor, 95
Resite, 102
Resitol, 102
Resol, 102
Retardador, 49
Retardamento, 49
Reversible, 39
Reversível, 39
Rheoptic, 62
Rhodia, 112, 115, 116, 117, 139
Rhodia-Ster, 118
Rhodopas, 139
Rhom & Hass, 98
Ricinoleato de glicerila, 165, 170
Ricinus communis, 170
Rígido, 60
RIM, 68
Robôs, 121
Robotização, 121
Roll mill, 64
Rolo, 132
Rope, 108
Rotational process, 67
Royalene, 82
Rubber, 11, 75
Rubbery, 60

S

Sal de nylon, 117
SAN, 11, 95
Satipel, 103
SBR, 11, 76, 77, 84, 124, 137
SBS, 11
Schlesinger, 35
Schotten-Baumann, 56
Scorch, 69
SE, 30
Sebacato de sódio, 170
SEC, 28
Secante, 134
Seda, 107, 108, 109, 114
Sedimentation equilibrium, 30

Sedimentation velocity, 30
Seed, 36
Serina, 113, 114, 154
Seringueira, 75, 77
Shortstops, 50
Sigla, 10
Silastic, 87
Silicone, 87
Sindiotático, 7
Sinteko, 126
Sinterização, 97
Sisal, 110
Sistemas catalíticos de Kaminsky, 40
Sistemas catalíticos de Ziegler-Natta, 40
Sistemas heterogêneos, 52
Sistemas homogêneos, 52
Sítio anódico, 138
Sítio catódico, 138
Size exlusion chromatography, 27, 28
Slurry polymerization, 52
Smooth drying, 61
Soft, 60
Sol, 51
Solda autógena, 120
Solubilidade, 133, 137
Solubility parameter, 135
Solution polymerization, 52
Solvay, 92, 96
Solvente industrial, 135
Solvic, 96
Sapotácea, 76
Sopro, 65, 70
Specialties, 50, 90
Specific viscosity, 30
Spherulite, 37
Spinneret, 67
Spreading, 67
Staple fiber, 108
Statistical copolymer, 5
Staudinger, 3, 8
Step reaction, 38
Stereoblock, 7
Stereoregular, 40
Stereoregularity, 40
Stickiness, 125
Stiff, 61
Stress relaxation, 61
Styrene acrylonitrile copolymer, 11
Styrene butadiene block copolymer, 11
Styrene butadiene rubber, 11
Styron, 95
Styropor, 95
Sub-produto, 39
Substrato, 121
Substratum, 121
Super Bonder, 124
Suspension polymerization, 52
Synthetic resin, 4
Szwarc, 4

T

Tackiness, 123
Tacticity, 7
Tail-to-tail, 6
Taticidade, 7
Tautomerização ceto-enólica, 137
TDI, 104
Technyl, 117
Techster, 118
Tecido, 108, 109
Tecido-não-tecido, 108
Técnicas em meio heterogêneo, 54
Técnicas em meio homogêneo, 52
Técnicas em polimerização, 52
Teflon, 97
Telogen, 6
Telógeno, 6
Telomer, 6
Telomerização, 6
Telomerization, 6
Telômero, 6
Temperatura de fusão cristalina, 62
Temperatura de transição vítrea, 62, 63, 138
Tenacidade, 60
Tenite, 112
Tensão superficial, 136
Tereftalato de dimetila, 118
Terminação, 38, 47
Terminador, 50
Terminating agent, 6
Termination, 38
Termoplástico, 15, 65
Termorrígido, 15, 65
Termorrígido físico, 15
Termorrígido químico, 15
Terphane, 118
Terpolímero, 5
Terpolímero de acrilonitrila, butadieno e estireno, 11
Terpolymer, 5
Tetraflúor-etileno, 17, 97, 165, 171
Tetrapolymer, 5
Têxtil, 107
Textile industry, 108
T_g, 63, 138
Thermoforming, 65
Thermoplastic polymer, 14
Thermoplastic rubber, 11
Thermoset polymer, 12
Thiokol, 88
Thixotropic, 62
Till, 35
Tingibilidade, 107
Tinta, 58, 90, 130, 135, 138–143
Tinta-de-base, 131–132
Tipo de iniciação, 41
Tirosina, 113, 114, 154
Tixotropia, 146
Tixotrópico, 62

T_m, 63
To rub, 75
TPR, 11, 45
TPU, 104
Trama, 108
Transferência de cadeia, 6, 47
Transformação, 66, 71
Transição de primeira ordem, 63
Transição de pseudo segunda ordem, 63
Transparência, 133
Treonina, 113, 114, 154
Tricô, 108
Tricot, 108
Triken, 96
Trinca, 131
Trincha, 132
Triptofano, 113, 114
Triunfo, 93, 125
Tylose, 156

U

Ubbelohde, 33
UHMWPE, 11, 91
Ultra high molecular weight polyethylene, 11
Ultracentrifugação, 28, 30
Ultracentrifugation, 28
Ultramid, 116, 117
Ultrathene, 125
Umectante, 146
Union Carbide, 93, 125
UR, 11, 124, 126, 139
Urdidura, 108
Urdume, 108
Urea resin, 11, 19
Uréia, 105, 125, 165, 171
Uretano, 105
UV, 134

V

Vacuum forming, 71
Valina, 113, 114, 154
van der Waals, 136, 137
van't Hoff, 28
Vapor pressure osmometry, 27
Varnish, 131
Vazamento, 66, 67

Velocidade de sedimentação, 30
Verniz, 131, 132
Vidro de segurança, 128
Vinamul, 139
Vinil-pirrolidona, 162
Viscose, 73
Viscosidade absoluta, 30
Viscosidade específica, 31
Viscosidade inerente, 31
Viscosidade intrínseca, 33
Viscosidade relativa, 31
Viscosimetria, 28, 30, 32
Viscosimetry, 28
Viscosity average molecular weight, 26
Viton, 86
Volume hidrodinâmico, 29
Volume livre, 3
VPO, 27, 323
Vulcan, 104
Vulcanização, 76
Vulkolane, 104

W

Warp, 108
Weight average molecular weight, 25
Wet spinning, 66
Wettability, 122
Wickham, 75
Williams, 75
Woof, 108

X

Xantana, 148, 149, 159
Xantato de celulose e sódio, 25, 73
Xisto betuminoso, 164
X-ray diffraction, 34

Y

Yarn, 108
Yield, 38
Young, 61

Z

Ziegler, 4, 8, 40, 41, 45, 79, 80, 82, 91, 94
Zirconoceno, 45
Zytel, 117

ÍNDICE DE POLÍMEROS INDUSTRIAIS

A
Acrilan	115
Adiprene	104
Alathon	93
Amberlite	102
Ameripol CB	79
Ameripol SN	80
Araldite	142

B
Bakelite	90, 102
Bidim	118
Brasfax	94
Buna N	85
Buna S	84
Butvar	128

C
Capron	116
Cariflex BR	79
Cariflex I	80
Cariflex S	84
Cascamite UF	126
Celcon	99
Celeron	102
Cellophane	25, 28, 111
Celluloid	143
Chloropreno	17, 81
Coperflex	79
Cymel	103

D
Dacron	118
Delrin	99
Dralon	115
Durepoxi	142
Durolon	100
Duroprene	104

E
Ebonite	90
Eltex	91
Elvacet	139
Elvax	125
Estane	104

F
Fluon	97
Fluorel	86
Formica	102
Formvar	127

G
Gallalite	90
Geon	96
Grilamid	116
Grilon	116

H
Hostalen	91
Hycar	85

K
Kel-F	86
Keltan	82
Kodapak	112
Kollidon	162

L

Lucite	89
Lustrex	95
Lycra	104

M

Makrolon	100
Manucol	153
Manutex	153
Marlex	91
Melchrome	103
Methocel	155
Mowilith	139
Mowiol	161
Mylar	118

N

Neoprene	81
Norvic	96
Novolac	102
Nytron	116

O

Orlon	115

P

Paraplex	101
Perbunan C	81
Perbunan N	85
Periston	162
Perspex	98
Petrothene	91, 92
Polyflon	97
Polylite	101
Polysar S	84
Pro-fax	94

Prolen	99

R

Rayon	73
Rayon viscose	73, 111
Rhodopas	139
Royalene	82

S

Silastic	87
Silicone	87
Sinteko	126
Solvic	96
Styron	95
Styropor	95

T

Technyl	117
Techster	118
Teflon	97
Tenite	112
Terphane	118
Thiokol	88
Tylose	156

U

Ultramid	116, 117
Ultrathene	125

V

Vinamul	139
Viton	86
Vulkolane	104

Z

Zytel	117

VOCABULÁRIO INGLÊS-PORTUGUÊS

A

Absolute viscosity	Viscosidade absoluta
Acrylonitrile butadiene rubber	Elastômero de butadieno e acrilonitrila
Acrylonitrile-butadiene-styrene terpolymer	Terpolímero de estireno, butadieno e acrilonitrila
Active center	Centro ativo
Adherend	Aderendo
Adhesion	Adesão
Adhesive	Adesivo
Alternate copolymer	Copolímero alternado
Atactic	Atático
Average molecular weight	Peso molecular médio
Axiallite	Axialito

B

Binder	Aglutinante
Birefringence	Birefringência
Blend	Mistura
Block copolymer	Copolímero em bloco
Blow molding	Moldagem por sopro
Branch	Ramificação
Branched polymer	Polímero ramificado
Branching	Ramificação
Bulk polymerization	Polimerização em massa
Butadiene rubber	Elastômero de butadieno
By product	Sub-produto

C

Calander	Calandra
Calandering	Calandragem
Casting	Vazamento
Chain fold	Dobra de cadeia
Chain reaction	Reação em cadeia
Chain transfer	Transferência de cadeia
Chiral center	Centro quiral
Chirality	Quiralidade
Chlorosulfonated methylene elastomer	Elastômero de metileno clorossulfonado
Cilia	Cílios
Coal	Carvão
Coating	Revestimento
Coextrusion	Co-extrusão
Cohesion	Coesão
Cohesive energy density	Densidade de energia coesiva
Cold drawing	Estiramento a frio
Cold flow	Escoamento a frio

Commodities	Plásticos de comodidade
Comonomer	Comonômero
Composite	Compósito
Compound	Composição
Compression molding	Moldagem por compressão
Contact angle	Ângulo de contato
Conversion	Conversão
Coordination complex	Complexo de coordenação
Copolymer	Copolímero
Coupling	Combinação
Creep	Escoamento
Crosslinked polymer	Polímero reticulado
Crosslinks	Ligações cruzadas
Cryoscopy	Crioscopia
Crystallinity	Cristalinidade
Crystallite	Cristalito
Cure	Cura

D

Degree of polymerization	Grau de polimerização
Degree of substitution	Grau de substituição
Desproportionation	Desproporcionamento
Differential scanning calorimetry	Calorimetria de varredura diferencial
Dilatant	Dilatante
Dipole-dipole bond	Ligação dipolo-dipolo
Dipping	Imersão
Dry-spinning	Fiação seca

E

Ebullioscopy	Ebulioscopia
Egyptian blue	Azul do Egito
Elastomer	Elastômero
Electron diffraction	Difração de elétrons
Emulsion polymerization	Polimerização em emulsão
Enamel	Esmalte
Enchainment	Encadeamento
End-group titration	Titulação de grupos terminais
Entanglement	Embaraçamento
Eterefication	Eterificação
Ethylene propylene diene methylene elastomer	Elastômero de etileno propileno e dieno metilênico
Ethylene-vinyl acetate copolymer	Copolímero de etileno e acetato de vinila
Extended chain	Cadeia estendida

F

Fabric	Tecido
Felt	Feltro
Fluorinated propylene methylene elastomer	Elastômero de metileno e propileno fluorados
Fold	Dobra
Free radical	Radical livre
Free volume	Volume livre
Fringed micella	Micela franjada

G

Gasket	Gaxeta
Gas-phase polymerization	Polimerização em fase gasosa
Gel	Gel
Gel permeation chromatography	Cromatografia de permeação em gel
Glass transition temperature	Temperatura de transição vítrea
Glass-reinforced polyester	Poliéster reforçado com vidro
Graft copolymer	Copolímero graftizado ou enxertado

H

Hard	Duro

Head-to-head	Cabeça-cabeça
Head-to-tail	Cabeça-cauda
Heat build-up	Formação de calor
Heterotactic	Heterotático
High density polyethylene	Polietileno de alta densidade
High performance engineering material	Material de engenharia de alto desempenho
Homopolymer	Homopolímero
Hosiery	Meia
Hot melt	Fundido quente
Hydrogen bond	Ligação hidrogênica
Hysteresis	Histerese

I

India rubber	Borracha natural
Infrared spectrometry	Espectrometria no infravermelho
Inherent viscosity	Viscosidade inerente
Initiating agent	Agente de iniciação
Initiation	Iniciação
Injection molding	Moldagem por injeção
Interfacial polymerization	Polimerização interfacial
Interlocking	Encaixe
Intrinsic viscosity	Viscosidade intrínseca
Ion	Íon
Isobutylene isoprene rubber	Elastômero de isopreno e isobutileno
Isomer	Isômero
Isoprene rubber	Elastômero de isopreno
Isotactic	Isotático

K

Knitting	Malha

L

Lacquer	Laca
Lamella	Lamela
Light scattering	Espalhamento de luz
Linear low density polyethylene	Polietileno linear de baixa densidade
Linear polymer	Polímero linear
Liquid chromatography	Cromatografia líquida
Liquid crystalline polyester	Polímero líquido-cristalino
Living polymer	Polímero vico
Low density polyethylene	Polietileno de baixa densidade

M

Macromolecule	Macromolécula
Melamine resin	Resina melamínica
Melt spinning	Fiação por fusão
Melt temperature	Temperatura de fusão
Mer	Mero
Micella	Micela
Microwave	Microonda
Modifier	Modificador
Monomer	Monômero

N

Necking down	Estrangulamento
Newtonian fluid	Fluido Newtoniano
Non-Newtonian fluid	Fluido não-Newtoniano
Non-woven fabric	Tecido não-tecido
Number average molecular weight	Peso molecular numérico médio

O

Off shore	Águas profundas
Oil	Petróleo

Oligomer	Oligômero
Opacity	Opacidade
Orientation	Orientação
Osmometry	Osmometria

P

Paint	Tinta
Paracrystal	Paracristal
Pellet	Grânulo
Permeability	Permeabilidade
Phenol resin	Resina fenólica
Pigment	Pigmento
Plasticizer	Plastificante
Plastics	Plásticos
Polarized light	Luz polarizada
Poly(ethylene terephthalate)	Poli(tereftalato de etileno)
Poly(methyl methacrylate)	Poli(metacrilato de metila)
Poly(propylene phthalate maleate)	Poli (ftalato-maleato de propileno)
Poly(vinyl acetate)	Poli(acetato de vinila)
Poly(vinyl chloride)	Poli(cloreto de vinila)
Polyaddition	Poliadição
Polyamide	Poliamida
Polycondensation	Policondensação
Polydispersion	Polidispersão
Polyethylene	Polietileno
Polymer	Polímero
Polymer blend	Mistura polimérica
Polymerization	Polimerização
Polyurethane	Poliuretano
Polyurethane rubber	Elastômero de poliuretano
Pressure sensitivy adhesive	Adesivo sensível à pressão
Primer	Tinta-de-base
Propagation	Propagação

R

Random copolymer	Copolímero aleatório ou randômico
Raw rubber	Borracha crua
Reaction injection molding	Moldagem por injeção reativa
Reactive extrusion	Extrusão reativa
Relative viscosity	Viscosidade relativa
Resin	Resina
Reversible	Reversível
Rheoptic	Reóptico
Roll mill	Moinho de rolos
Rope	Corda
Rotational process	Processo rotacional
Rubber	Borracha
Rubbery	Borrachoso

S

Scorch	Pré-vulcanização
Sedimentation equilibrium	Equilíbrio de sedimentação
Sedimentation velocity	Velocidade de sedimentação
Seed	Germe
Shortstops	Terminador
Size exlusion chromatography	Cromatografia de exclusão por tamanho
Slurry polymerization	Polimerização em lama
Smooth drying	Amassamento
Soft	Macio
Sol	Sol
Solubility parameter	Parâmetro de solubilidade
Solution polymerization	Polimerização em solução
Specialties	Polímeros de especialidade

Specific viscosity	Viscosidade específica
Spherulite	Esferulito
Spinneret	Fieira
Spreading	Espalhamento
Staple fiber	Fibra cortada
Statistical copolymer	Copolímero estatístico
Step reaction	Reação em etapas
Stereoblock	Estereobloco
Stereoregular	Estereorregular
Stereoregularity	Estereorregularidade
Stickiness	Pegajosidade
Stiff	Rígido
Stress relaxation	Relaxação de tensão
Styrene acrylonitrile copolymer	Copolímero de estireno e acrilonitrila
Styrene butadiene block copolymer	Copolímero em bloco de estireno e butadieno
Styrene butadiene rubber	Elastômero de butadieno e estireno
Suspension polymerization	Polimerização ~em suspensão
Synthetic resin	Resina sintética

T

Tackiness	Pegajosidade
Tacticity	Taticidade
Tail-to-tail	Cauda-cauda
Telogen	Telógeno
Telomer	Telômero
Telomerization	Telomerização
Terminating agent	Agente de terminação
Termination	Terminação
Terpolymer	Terpolímero
Tetrapolymer	Tetrapolímero
Textile industry	Indústria têxtil
Thermoforming	Termoformação
Thermoplastic polymer	Polímero termoplástico
Thermoplastic rubber	Elastômero termoplástico
Thermoset polymer	Polímero termorrígido
Thixotropic	Tixotrópico
To rub	Esfregar

U

Ultra high molecular weight polyethylene	Polietileno de altíssimo peso molecular
Ultracentrifugation	Ultracentrifugação
Urea resin	Resina ureica

Vacuum forming	Moldagem a vácuo
Vapor pressure osmometry	Osmometria de pressão de vapor
Varnish	Verniz
Viscosimetry	Viscosimetria
Viscosity average molecular weight	Peso molecular viscosimétrico médio

W

Warp	Urdidura
Weight average molecular weight	Peso molecular ponderal médio
Wet spinning	Fiação úmida
Wettability	Molhabilidade
Woof	Trama

X

X-ray diffraction	Difração de raios-X

Y

Yarn	Fio
Yield	Rendimento